せんが、それらは全く必要ありません。

　メルカリ転売は、株や投資などといった副業とは大きく異なります。やり方さえ覚えれば、誰でもすぐに結果を出せるのが大きな特徴です。

　本書のキャッチコピーは「初月から10万円を稼ぐ」。さすがに素人がいきなりやっても実現できないのでは、と思われるかもしれませんが、安心してください。私のスクールで確立してきた転売ノウハウを正しく実践すれば、成功できます。

　本書の構成は、次の通りです。

　1章は数ある転売ビジネスの中でメルカリをオススメする理由を解説。アカウント登録からプロフィールの作り方も合わせて見ていきます。

　2章は出品側としてメルカリを利用する場合の基本的な流れを紹介。工程ごとに、売るためのコツを徹底的に解説しています。

　そして、3章ではメルカリ転売の要となる仕入れ方法を、厳選した15のテクニックに絞って説明。その上で4章では本書のテーマである「初月から10万円を稼ぐ」ために、古着・アパレル転売に特化して具体的な手順を解説しています。

さらに、5章では転売を継続的に成功させるために、ビジネスシステムを取り入れた方法を紹介。6章では10万円以上稼ぎたい人のために、目標収益別にすべきことを解説しています。

　4年前の僕のように、これまでメルカリを利用したことがなかった人を想定して、基本の「き」から説明することを心がけて執筆しました。1冊を読み終えた頃には、メルカリ転売で稼ぐための技術をあなたは身に付けているはずです。

　メルカリ転売をすれば、人生は大きく変わります。本書の各章末にあるコラムでも経験者の声を掲載していますが、皆さん、収入が増えて、イキイキとした生活を送っています。
　ちょっとしたお小遣い稼ぎをしたい方から仕事に追われて人生を楽しめていない方。お金がなくて将来に不安を抱えている方。さらには起業を考えている方まで、幅広く本書を読んでいただければ嬉しく思います。

　これからの時代を生き抜くためには、複数の収入源を持っておくことが大事です。そのために、本書が読者の皆さんのお役に立てば幸いです。

初月から**10万円**を稼ぐ

メルカリ転売術

森 貞仁

はじめに

「毎日のスキマ時間を使って、お小遣い稼ぎをしたい」
「投資や株は不安だけど、副業で収入を増やしたい」
「脱サラして起業したい」

　最近では、副業や兼業が推進されるようになったためか、このように思う方が増えていると感じます。
　しかし、世の中には数多くの儲け話や副業術が出回っていても、多くの方はその中から、継続してお金を稼ぎ出すノウハウを見つけられないのが現実のようです。

　実は私もみなさんと同じように4年前は普通の会社員でした。しかし、そこから副業でメルカリの転売を始めたことがきっかけで、今では月商1億、年商10億円を稼ぐまでに成長。自分のやりたい人生を謳歌できています。
　そして、最近では、コンサルティング業に注力しています。一般の方に向けた副業・起業スクールを開催し、これまで年商1000万円超えの経営者を100人以上輩出してきました。

　本書では、そのスクールで一番の人気コンテンツである「メルカリ転売」をテーマに、誰にでも簡単に稼げるノウハウとしてまとめました。特別なスキルや人脈、能力が必要と思うかもしれま

CONTENTS

はじめに ……………………………………………… 002

1章 初心者の転売ビジネスはメルカリで決まり！

初心者でも簡単に、確実に ……………………………… 014

転売で稼ぐにはメルカリが最適 ………………………… 017

誰がどんな商品を買っているのか ……………………… 019

メルカリはなぜ急成長したのか ………………………… 022

他のプラットフォームとの比較 ………………………… 025

5分でできるメルカリアカウント登録 ………………… 029

目に留まるプロフィールの作り方 ……………………… 032

アカウント停止には気を付けよう ……………………… 037

コラム 家事や育児に追われても簡単に稼げた主婦Nさん …040

2章 ユーザーが食いつく"出品術"

- メルカリ転売はどのように進むのか ……………… 044
- 超重要な「評価」の仕組み ……………… 047
- まずは家の不用品を出品してみよう ……………… 052
- ライバルに差をつける「市場リサーチ」 ……………… 057
- いくらの値段を付ければいいか ……………… 062
- 「すぐ売る」ための撮影テクニック ……………… 064
- タイトルと説明文で売るコツ ……………… 068
- コメントへの正しい対応 ……………… 072
- 梱包と配送方法で経費を抑える ……………… 078
- 取引者に評価してもらうために ……………… 082
- 商品発送後のトラブル対応 ……………… 084
- **コラム** 利益を全て貯金して脱サラしたBさん ……………… 086

3章 転売は仕入れに極意あり

- 仕入れ先がメルカリ転売の成否を決める ………………… 090
- 仕入れノウハウ① サンプル品転売 ………………… 092
- 仕入れノウハウ② 革靴転売 ………………… 094
- 仕入れノウハウ③ Amazon ダメージ転売 ………………… 096
- 仕入れノウハウ④ タイ仕入れ古着転売 ………………… 098
- 仕入れノウハウ⑤ 古着・アパレル転売 ………………… 100
- 仕入れノウハウ⑥ ブランド品転売 ………………… 102
- 仕入れノウハウ⑦ カメラ転売 ………………… 104
- 仕入れノウハウ⑧ 100円仕入れ ………………… 106
- 仕入れノウハウ⑨ 中国輸入（メルカリ出品） ………………… 108
- 仕入れノウハウ⑩ 楽天ポイントせどり ………………… 110
- 仕入れノウハウ⑪ バイマ無在庫転売 ………………… 112
- 仕入れノウハウ⑫ 中国輸入（Amazon 出品 ODM、OEM） ………………… 114
- 仕入れノウハウ⑬ eBay 輸出 ………………… 116

仕入れノウハウ⑭ 貿易（独占販売） 118

仕入れノウハウ番外編 ノーリスク中国輸入 120

コラム 1日3時間の作業で本業よりも稼いだDさん 122

4章 古着・アパレル転売で月10万円を稼ぐ

月10万円のための第一歩 126

月10万円のための「リサーチ」 138

月10万円のための「商品選び」 140

月10万円のための「状態チェック」 142

月10万円のための「撮影」 144

月10万円のための「商品説明」 148

月10万円のための「発送・梱包」 152

月10万円のための「取引管理」 158

| コラム | アパレルの知識を生かして月収100万円を稼ぐDさん …… 162

5章 確実に安定した収入を稼ぐシステム

数値の"見える化"がビジネスとしての一歩 …………………… 166

安心・安全なキャッシュ＆フローを回す ……………………… 171

クレジットカードを便利に使う ………………………………… 175

時間管理でリスクを抑える ……………………………………… 180

常にユーザーの目に留まるためのSEO対策 …………………… 185

ステップアップのためのリサーチ術 …………………………… 188

| コラム | 年収300万円から1200万円に上ったEさん

192

6章 さらに大きく稼ぐためのマル秘ノウハウ

月収 30 万〜 50 万円をかなえるノウハウ① ……… 196

月収 30 万〜 50 万円をかなえるノウハウ② ……… 199

月収 50 万〜 100 万円をかなえるノウハウ① ……… 201

月収 50 万〜 100 万円をかなえるノウハウ② ……… 204

月収 100 万円以上をかなえるノウハウ① ……… 206

月収 100 万円以上をかなえるノウハウ② ……… 208

コラム 手取り 20 万から家賃 20 万円の生活にかけ上がった C さ
ん ……………………………………………………… 210

おわりに ……………………………………………… 212

ブックデザイン／別府拓（Q.design）
DTP ／横内俊彦
校正／矢島規男

1章

初心者の
転売ビジネスは
メルカリで
決まり！

▶転売は、いま最も稼げるビジネスモデル

　私が主宰している副業・起業スクールで、会社員や主婦の方から「転売で本当に稼ぐことができるのですか？」と聞かれることがよくあります。

　答えはもちろん、「YES」です。最近では副業を認める企業が増え、本業以外にも力を入れて働く人が多くなりました。一般的によく知られている副業といえば、ネットを使ったアフィリエイトや配送代行の「Uber Eats」などがありますが、これらと比較しても「転売」は圧倒的に効率良く稼げるツールと断言できます。いま最も稼げるビジネスと言っても過言ではありません。

▶転売をオススメする３つの理由

　転売の魅力は、大きく３つに分けられます（図1-1）。

図1-1　副業初心者にオススメな転売の魅力

❶難易度の低さ：誰でも簡単にできる
❷即効性：すぐに結果が出る
❸集客力：お金をかけて集客する必要がない

まず、1点目が**難易度の低さです**。

仮想通貨、FX、YouTuber……など、世の中には実に多くの副業モデルがあります。これらの方法は当たれば儲かりますが、一定レベルの知識や時間、さらにギャンブル要素が絡んでくるため、初心者にはかなり大きなリスクがあります（図1-2）。

図1-2　人気の副業4種類を比較				
ビジネス名	転売	FX・仮想通貨	アフィリエイト	YouTuber
1日の平均作業時間	3時間	数分～数時間	2～8時間	6時間以上
必要スキル	不要	経済を読む力	継続的な記事更新、SEO知識、集客力	動画編集技術、集客力
即効性	◎	○	×	×
収入	○	◎	△	△
リスク	低	高	中	中

一方、転売は"安く仕入れて高く売る"というビジネスの基本を忠実に実行するだけです。この簡単な仕組みを理解していれば、誰でもすぐに利益を出すことができる非常に再現性の高いビジネスです。

次に**即効性も転売の大きなメリットです**。

たとえば、あなたがラーメン屋を始めるとします。お店を開くためには、相応の調理・接客スキルを習得しなければなりません。早くても数年はかかるでしょう。その後も、出店、メニュー開発、販促、従業員教育など、数えきれないくらい多くのプロセスを経る必要があります。開店まで、長い期間無収入になるかもしれません。そうしてようやく開店に至っても、開業資金のため借金を抱えた状況からスタートです。

その点、転売は商品さえ売ることができれば、すぐに結果が返ってきます。無収入期間はほとんどありません。

　そして3点目が**集客力です。**
　ビジネスで最も大変なことはお客さんを集めること。大企業は数千万円というコストをかけて集客します。ですが、現在は、メルカリ、ヤフオク、Amazon など、1日数十万人が集まる巨大なプラットフォームがすでに整えられており、それを個人が利用することができます。一から自分で環境を構築してお金をかけて集客する必要がありません。

　転売は利益を出しやすい手堅い商売です。それを証明するように、銀行からの信頼も高いビジネスモデルとなっています。転売＝悪と感じる人もいるようですが、一般ビジネスとの違いは販売チャネルが小売店か個人かの違いだけ。多額の資金や特別な知識がいらない転売は、お小遣い稼ぎや副業に最適な選択肢であることをまずは押さえておきましょう。

② 転売で稼ぐには メルカリが最適

▶ EC市場は今後も成長必至

　現在、転売市場では Amazon、ヤフオク！、バイマなど、転売に利用できる販売プラットフォームは数多くあります。本書を手に取られた9割以上の方はインターネットで買い物をした経験があるはずです。

　EC（E-commerce の略で電子商取引のこと。いわゆるネット通販）市場の成長率と市場規模は年々大きくなっています。2010年は7兆7880億円だった市場が、**2018年には17兆9845億円にまで拡大。10年未満で2倍以上に成長していることがわかっています。**

　この成長を後押ししたのが、Amazon やヤフオク！　などの EC サービスです。スマートフォンの普及も相まって、今後も EC 市場は、確実に伸びていくと言われています。

▶ メルカリは累計取引数5億件を超える転売アプリの王様

　EC 市場が拡大するなか、近年になって、メルカリのような C to C（個人間取引）のチャネルが成長してきました。図1-3はフリマアプリの市場規模をグラフ化したものです。2016年の3052億円から2018年には6392億円に倍増していることがわかります。

メルカリ単独で見ても、国内では8000万ダウンロード、海外も含めると全世界で1億ダウンロードを記録。**2019年9月18日には累計取引件数5億件を突破しました**（図1-4）。

　つまり、メルカリは発展著しいEC市場の中で最も目覚ましく成長したサービスといえます。転売をする上で、このプラットフォームを活用しない手はありません。

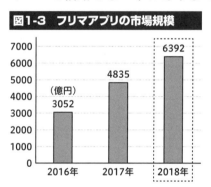

図1-3　フリマアプリの市場規模

出典：経済産業省「電子商取引に関する市場調査の結果」

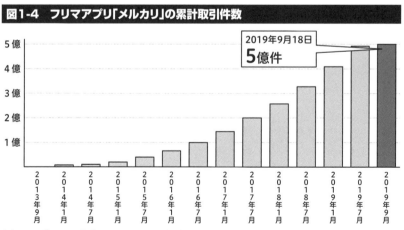

図1-4　フリマアプリ「メルカリ」の累計取引件数

出典：mercari「フリマアプリ『メルカリ』、累計取引件数5億件を突破 〜捨てられていた不要品に新たな価値を〜」

3 誰がどんな商品を買っているのか

▶ 主なユーザーは若年層

　メルカリの特性についてもう少し詳しく見ていきます。図1-5は年代別のメルカリ利用率です。このグラフから注目すべき点は2つです。10～60代まで幅広い年代のユーザーが利用していること。そして、そのうちの**半数以上を占めるのが10～30代の若年層ユーザーということです。**スマホを使った比較的新しい形態のプラットフォームのため、年齢が上がるほどメルカリの利用率は低くなります。

図1-5　年代別メルカリの利用率(%)

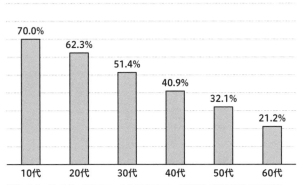

出典：リサーチ・リサーチ「Eコマース＆アプリコマース月次定点調査(2019年2月度)」

　続いて、図1-6は男女比を表した円グラフです。サービス開始当初からしばらくは**女性が7割以上を占めていましたが、**近年で

は男女比がほぼ拮抗しています。知名度が上がったことや扱う商品ジャンルに偏りがないため、性別問わず利用されています。

図1-6 メルカリユーザーの男女比

出典：App Ape Lab「最新版・ショッピングアプリトレンドランキング　急速に広がるPayPayフリマ、フリマアプリは三つ巴が決定的に」

　ちなみに、メルカリをテーマにした書籍や雑誌特集では、主婦の利用率が高いと書かれることがよくあります。私の経験や独自調査からもそれは間違いではありません。しかし、単純に主婦層をターゲットにしたものを売れば利益が出るのかといえば、それは違います。

　同じ主婦であっても20代もいれば40代もいるように、ライフスタイルはそれぞれ異なります。ですから、主婦、学生、社会人といった枠組みを気にするのではなく、どの年代に向けた商品を出品するのかを決めておくことが大切になってきます。

▶ 売れ筋は圧倒的にファッションアイテム

　日本国内NO.1のアプリ分析ツール「App Ape」の調査によると、メルカリなどのフリマアプリで、**ユーザーが最も興味を示すジャンルの1位は「ファッション」です**（図1-7）。

　このアンケート結果はメルカリが発表した流通総額（GMV）と

も同じです(図1-8)。全カテゴリーの中でレディース(ファッション)部門が1位、メンズ(ファッション)部門が2位(エンタメ・ホビージャンルと同率順位)と、大きな割合を占めています。実際に、多くのユーザーがメルカリをファッションECとして利用していることがわかります。

この結果から、「初月から10万円を稼ぐ」という目標を達成するために、本書では古着商品・アパレルをメインにノウハウを紹介していきます。

図1-7 メルカリユーザーへの調査アンケート結果

	メルカリ	FRIL	ラクマ	ヤフオク!
フリマアプリ利用の際の興味のあるジャンルは?				
1位	ファッション (52.6%)	ファッション (75.0%)	ファッション (54.2%)	スマホ・家電カメラ・PC (43.0%)
2位	インテリア・雑貨 (43.0%)	インテリア・雑貨 (41.7%)	インテリア・雑貨 (37.5%)	インテリア・雑貨 (40.7%)
3位	ハンドメイド (28.9%)	ハンドメイド (29.2%)	おもちゃ・服など子ども関連 (33.3%)	ファッション (39.5%)

出典:App Ape Lab「メルカリ、ヤフオク!…人気のフリマアプリ出品で売れるコツとは?フリマアプリ利用者に直接アンケートで聞いてみた」

図1-8 メルカリの流通総額内訳

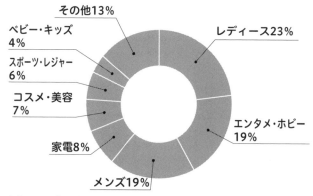

出典:メルカリ「2020年6月期 第2四半期決算短信」

④ メルカリは なぜ急成長したのか

▶ メルカリ急成長の要因①集客力の高さ

　ここまでグラフやデータを示して市場におけるメルカリの発展を見てきました。なぜこれほどメルカリは多くの人に選ばれているのでしょうか？　それは4つの特徴が関係していると、私は考えています。

　まず、1点目は**集客力の高さ**。
　先述した通り、メルカリは大きな市場規模を誇っており、月間アクティブユーザーは1100万人以上です。ユーザー数が多いということはそれだけ商品が多くの人の目に触れることを意味します。

▶ メルカリ急成長の要因②早く売れる

　2点目は**早く売れることです**。メルカリは、ツイッターやフェイスブックのようなSNSと同じようにタイムライン型の表示を採用しています。
　次ページの画像はメルカリのアプリの画面をキャプチャしたものです。タイムラインのシステムでは出品したら、この画面の一番トップに表示されるようになります。つまり、知名度や評価が少なくても、出品した直後は誰でも最も目立つ場所に展開される

ため、ビギナーでも参入しやすいのが特徴です。

直感的に操作しやすいシステム

▶ メルカリ急成長の要因③初めてでも使いやすい

3点目は、**初めてでも使いやすいシステムが整えられている点です。**

前述の通り、出品した商品はタイムラインの上位に表示され、商品が目につきやすい状態になります。

図 1-8 のように、商品を目にした人が欲しいと思ったら、購入手続ボタンをタップしてすぐ購入。入金が完了したら、出品者は、商品発送、購入者の評価をすればいいだけです。発送方法も豊富に用意されており、全国一律送料や匿名配送にも対応しています。また、取引がどの段階にあるかも可視化されていて、初心者にとってわかりやすいシステムになっています。

図1-9 メルカリにおける取引フローのイメージ

▶ メルカリ急成長の要因④ 多彩な商品ジャンル

　最後は、**多彩なジャンルの商品が出品されていることです**。他のフリマアプリでは扱う商品が限定されている場合があります。対してメルカリは服、家電、化粧品など多彩なラインナップを展開。単価やサイズなど自分に合った商品を選んでお金を稼ぐことができます。

　このように、メルカリをオススメする理由はたくさんあります。初心者が初月から結果を出すには、メルカリが最適のプラットフォームであるという理由が、おわかりいただけたのではないでしょうか。

⑤ 他のプラットフォームとの比較

▶ プロ転売者が集まる世界最大級のECモール「Amazon」

　転売のプラットフォームとしてメルカリ以外では、Amazon、楽天、ヤフオク！が広く知られています。ここでは、これら3つのプラットフォームの特徴を把握しつつ、メルカリと比較してみましょう。

　まず、Amazonは、言わずと知れた世界最大のショッピングモールサイトです。ブラウザ版では月間5000万人のアクティブユーザー数を誇っています。他のプラットフォームと比較すると、アプリよりもパソコンからのログインが多い傾向にあります。
年間流通総額は2.4兆円で、利用店舗数は約20万件。日本においてもトップクラスの市場規模です。

　ただ、デメリットもあります。Amazonは出品制限及び出品規制が頻繁に変わるため、対応に苦心しているセラー（転売における出品者のこと）が少なくありません。下手をすれば、仕入れルートそのものを変更しなければならないこともあります。
　また、ルール変更に対応できずアカウントが停止になった場合は、3カ月間の売上金の支払い停止という重いペナルティも待ち受けています。

1章　初心者の転売ビジネスはメルカリで決まり！

メルカリとの大きな違いは、Amazonのセラーは大口契約と小口契約のどちらかに加入する必要があること。小口契約の月額利用料は無料ですが、大口契約の場合は月額4900円（税抜）のコストが発生します。

いずれにせよ、アマゾンにはすでにその道のプロフェッショナルが多数参入しており、ノウハウも高度化しています。初心者にはオススメできません。

```
┌─────────── Amazonまとめ ───────────┐
│                                    │
│  ■メリット                          │
│    ○閲覧数が多い＝集客力に優れている      │
│    ○軌道に乗れば自動的に売れる仕組みがある  │
│  ■デメリット                        │
│    ×規制が頻繁に変わる                 │
│    ×ライバルセラーが強い               │
│  ■向いているノウハウ                  │
│    中国輸入転売、せどり                 │
│  ■難易度                           │
│    中級者～上級者向け                  │
│                                    │
└────────────────────────────────────┘
```

▶40～50代に人気の老舗サイト「ヤフオク!」

「ヤフオク」の愛称でもお馴染みの、老舗インターネットオークションサービスです。**年間流通総額は9000億円に上ります。**

どちらにおいてもメルカリより大きい市場規模です。ただし、メインユーザー層はメルカリが10～20代の若年層であるのに対して、**ヤフオクは40～50代の中年層。即効性や購買率で考えて**

も、メルカリのほうが勢いがあると言えます。

ヤフオク！の初期登録料は無料。落札システムの利用料が割引になるプレミアム会員に登録すると、月額462円（税抜）のコストが発生します。

とはいえ、後述の楽天市場と比較すると良心的な価格なので、誰でも参入しやすいプラットフォームです

近年、PayPayフリマとも連動しているので、ヤフーIDを持っていれば、PayPayフリマに同時出品していくことも可能です。

```
┌───────── ヤフオク！まとめ ─────────┐
│                                       │
│ ■メリット                             │
│   ○アクティブユーザーが多い           │
│   ○PayPayと連動して出品できる         │
│                                       │
│ ■デメリット                           │
│   ×近年はメルカリやAmazonに押され気味 │
│   ×メインユーザー層の高齢化が進んでいる│
│                                       │
│ ■向いているノウハウ                   │
│   カメラ転売、アパレル転売             │
│                                       │
│ ■難易度                               │
│   初級者～中級者                       │
│                                       │
└───────────────────────────────────────┘
```

▶ 日本国内ではAmazonより優勢な「楽天市場」

国内最大規模のECサイトです。買い物をするだけでなく、出品者として出店できるプラットフォームとしても使えます。**店舗**

数は 4 万 8000 店、年間流通総額は 3.4 兆円。日本の EC サイトの中では Amazon よりも流通額が多いです。

　ただし、出店するための登録料が 18 万～ 60 万円とそれなりのコストがかかるのは最大のデメリットです。なおかつ、ライバルセラーも強いので最初のうちは稼ぐことが厳しいです。
　メルカリや Amazon を経験した人が次のステップとして取引を行う分には良いのですが、最初に初心者が出品するプラットフォームとしては不向きでしょう。

楽天市場まとめ

■メリット
　○年間流通総額が国内トップ
　○食品と家具のジャンルが強い

■デメリット
　×出店登録料が高額
　×ライバルセラーが強い

■向いているノウハウ
　楽天ポイントせどり

■難易度
　中級者～上級者

⑥ 5分でできるメルカリのアカウント登録

▶ メールアドレスと電話番号があればOK

　メルカリについての基本知識を押さえたところで、ここからは実際に出品するためのアカウントを作る方法をご説明します。

　アカウントを作るときに必要なのは、メールアドレスと電話番号だけ。5分程度で簡単に登録できます。

　なお、本項ではAndroid版を使って解説していますが、iPhoneやパソコンから登録する場合も手順はほとんど同じです。まず下準備として、スマホのアプリストアからメルカリをインストールしておきましょう。

メルカリのインストールはこちらから

Android　iPhone

アカウント登録の手順

手順1

アプリを起動したら、アカウント登録画面が表示されます。アカウントはGoogle、Facebook、メールアドレスのいずれかを利用して登録できます。基本的にはどれを選んでも問題ありません。

手順2

メールアドレス、パスワード、ニックネームを入力します。メールアドレスは、出品している商品が購入されたときや購入希望者からの質問があった際に通知されます。普段よく使っているものに設定しておきましょう。性別を選択したら、「次へ」をタップします。

手順3

電話番号を入力します。「次へ」をタップすると、次の画面でSMSへの送信確認画面が表示されるので、「送る」ボタンを押します。

手順 4

SMS でスマホに届いた認証番号を入力。「認証して完了」をタップします。なお、30 秒経っても届かない場合は電話でも確認できます。

手順 5

認証が完了すると、メルカリのトップ画面が表示されます。これで出品や購入などの全ての取引ができるようになります。

⑦ 目に留まる プロフィールの作り方

▶出品者の人となりが判断される重要な要素

　アカウントを作ったら、自分のプロフィールを作成します。プロフィール欄は閲覧者があなたを判断する大切な要素です。画像、ニックネーム、出品数、評価、フォロー&フォロワー、そして1000文字まで入力可能なテキスト欄から構成されています。

　このうち、**ユーザー自身が設定できるのはプロフィール画像、ニックネーム、テキスト欄の3項目のみです。**

　メルカリでは、お互いの顔が見えない分、どういった人物なのかを判断する指標となるので、しっかりと作り込むことが必要です。適当に作成してしまうと、本来売れる商品であっても、商品の成約率が下がるので避けましょう。

まずはトップ画面下部の＜マイページ＞タブ→＜詳細を見る＞
→＜プロフィール編集＞から編集画面に移ります。

▶ 親近感を持ってもらえるプロフィール画像

メルカリで信頼されるユーザーのプロフィールには3つの特徴
があります（図1-10）。

図1-10　ここで差がつく! 売れるプロフィール

❶適度な文章量
❷言葉遣い
❸プロフィール画像

まず1点目が、**適度な文章量です。**

閲覧者に自分のことを信頼してもらうためには、ある程度の長
文を書く必要があります。

出品している商品のジャンルや取引に対する自分のスタンスな
どをしっかり書けば、きちんと対応してくれそうな印象を読み手
は持ちます。

逆に、「よろしくお願いします」だけのように短い自己紹介だと、
人となりもわかりませんし、取引にきちんと応じてくれるのか閲
覧者は不安に感じるはずです。

2点目が、**言葉遣いです。**

取引する相手は顔の見えない他人です。語尾を「です、ます」
と丁寧な口調にするだけでも、質問や梱包、発送などしっかりと
対応してくれそうな印象を与えることができます。

3点目が、**プロフィール画像です。**

最初に目に留まるのは、文字ではなく画像です。第一印象を決めるものなので、奇をてらった写真は絶対に NG です。

理想的なのは動物やキャラクターの画像など、閲覧者に親近感を持ってもらえるようなものです。ただし、芸能人やアイドルなどの写真は肖像権や著作権があるので、後々のトラブルを避けるためにも、著作権フリーの画像を使用するようにしましょう。

▶テンプレをもとに自己紹介文を作ってみよう

1000 文字のテキスト欄の埋め方を具体的に解説します。**ポイントは「短すぎず、長すぎず」です。**長ければ長いほどいいのでは、と思う方もいるかもしれませんが、ダラダラと冗長な文章は閲覧者の読む意識を確実に削ぎます。

36 ページにはプロフィールのテンプレートを掲載しました。各項目を盛り込みながら、自分用にカスタマイズしてみましょう。また、評価が高い出品者のプロフィールを参考にするのもオススメです。

▶「即購入歓迎」の一言で購入意欲アップ

プロフィールはテンプレートに沿って書くだけでも十分ですが、いくつかのテクニックを盛り込むと、さらにユーザーの目に留まるようになります。

たとえば、メルカリではほとんどのユーザーがスマホを使って

いることもあり、PCと比べてテキスト欄が縦長になりがちです。文章が続くと見づらくなるので、適度に改行。**目立たせたいキーワードに【】などの記号を使って、見やすい構成にすると効果的です。**

　また、メルカリではプロフィールや商品説明欄で、購入前に一言コメントを求める出品者が大変多くいます。これは評価の悪い人や非常識な人からのアプローチを防ぐ効果があり、クレーム防止につながります。

　ただし、購入希望者に対するハードルを高くしてしまう側面もあります。実際に、売り手側がコメントの返信を考えているうちに、面倒になって購入する気がなくなったという意見もよくあります。

　メルカリ転売で稼ぐことを第一目標とするなら、販売機会を逃さないために、購入者の選り好みは厳禁です。ですから、プロフィール欄には、「即購入歓迎」と明記しましょう。**これは購入意欲を下げないために、大変有効です。**

　本来、「購入前のコメント必須」「コメントがなければ購入不可」はメルカリの規約やシステムに違反した行為。コメントなしで購入したからといってブロックばかりすると、最後にはアカウント停止になってしまうこともあります。

　私達はあくまでメルカリというプラットフォームを借りているだけにすぎません。自分ルールを押しつけるのはやめましょう。

プロフィールテンプレート

❶冒頭でお礼を述べる

例)見てくれてありがとうございます。

例)多くの商品から選んでいただきありがとうございます。

❷簡単な自己紹介

例)子育て中の主婦です。サイズアウトした子供服や不要になったおもちゃなどを中心に出品しています。

❸連絡の取りやすい時間帯

例)日中は働いているため、返信は21時以降になります。

❹購入するメリット

例)送料無料にします。

例)3点以上購入の場合は10%お安くします。

❺ペットや喫煙の有無

例)私自身は非喫煙者ですが、家族に喫煙者がいるので商品に臭い移りしている場合があります。

例)犬を飼っているので、アレルギーの方はご遠慮ください。

❻注意事項

例)電球色の部屋で撮影しているので、実際の商品と色味が異なる場合があります。

8 アカウント停止には気を付けよう

▶ アカウントは停止されると再度作れない

　メルカリには商取引の公正さを保障するため、さまざまな規約があります。それらに違反してしまうと、アカウント停止になることがあります。

　アカウントが凍結されても、また別のアカウントを新しく作成すればいいだけと思うかもしれません。しかし、メルカリのアカウントには電話番号に加えて、各端末に設定されている「IMEI（端末識別番号）」や「IPアドレス」など様々な情報が紐付けられています。そのため、アカウントが凍結されると、名前、住所、銀行口座情報などがメルカリで使えなくなってしまいます。**場合によっては、ブラックリストに入ることもあります。**

　そうなると、同じスマホやパソコンからはアカウントを再作成できなくなります。それだけでなく、**同じ通信回線を使っているほかの機器からもアカウントを作成することが不可能になります。**

▶ 「1人1アカウント1口座」を守る

　メルカリのペナルティには警告から、数時間～無期限までの利用制限、強制退会などのレベルがあって、最も重い処罰となるのが偽物のブランド品販売です。これは刑事処罰になり、逮捕者も

出ています。

　こうした例は明らかな犯罪なので、悪意のない限りは違反することもないと思います。一方で、守ってもらいたいのは、**メルカリは基本的に1人につき1アカウント1口座ということです。**
　複数の端末や格安SIMなどを駆使すれば、複数のアカウントを持つことは可能ですが、評価の不正操作や自己取引によるマネーロンダリング行為などが可能になってしまうため、メルカリではこれらの行為は規約違反に指定されています。運営者に見つかると、アカウントが凍結されて取引ができなくなるだけでなく、逮捕される可能性もあります。
　実際、2017年6月7日、メルカリのアカウントを大量に不正取得・販売していた2人の男性が「私電磁的記録不正作出・共用」の疑いで逮捕されました。これ以降、メルカリではプレスリリースでも、複数アカウントの作成や譲渡、売買への監視と対策をより一層強化することを発表しました。

　ほかに覚えておきたいのは、大量出品や手元に在庫を持たずに転売する無在庫転売。これらも規約違反になるため、注意が必要です。
　メルカリの公式サイトに掲載されている「メルカリガイド」には、禁止されている行為について詳細が記載されているので、一度確認しておくことをおすすめします。
　メルカリ転売を行う上で、アカウント停止になる可能性が高い禁止行為にはお気を付けください。
　もっとも、本書のノウハウは危険な方法ではありません。きち

んとルールに則って出品すれば、アカウント停止はまずあり得ませんので、ご安心ください。

公式サイトに掲載されているメルカリガイド

家事や育児に追われても簡単に稼げた主婦Nさん

- ■ 年齢　　　　47歳
- ■ 現住所　　　福岡県北九州市
- ■ 家族　　　　夫、娘、息子
- ■ 現在の職業　講師業、コンサルタント、会社経営
- ■ 前職　　　　臨床検査技師
- ■ 当時の月収　約30万円
- ■ 現在の売上　月商150万円
- ■ ビジネス歴　3年

●初月6万から一気に月収30万円までアップ

　私はメルカリ転売に着手する前に、実は株式投資、デイトレード、ハンドメイド、資格業、陶芸教室など、パートと並行しながら主婦が思いつきそうな副業を一通り経験しています。

　転機になったのが、2018年頃でした。メルカリは主婦の間でも流行っていたので、私もダウンロードしていました。転売をやる前は、個人で不要品を出品していたのですが、売る物がなくなったら終わりだなと思っていましたね。継続するイメージは全くありませんでした。

　でも、森さんの副業スクールで独自のノウハウを教わったら、簡単に稼げそうな手応えを感じました。そして、試してみたら本

当に売れたので、とても嬉しかったです。

　最初は手探りだったので、作業時間は1日4時間くらいでした。他のノウハウと比較すると作業量は多いのですが、慣れたら2時間程度で作業できます。

　ノウハウを実践し始めて、初月からいきなり6万円稼げたのですが、最初は全く実感が湧きませんでした。これまでの副業経験から、かえって不安の方が大きかったくらいです。簡単に稼げる分、本当に続くのかと。でも、実際、転売に時間を割けば、割くだけ成果が出ました。気づけば月に20万、30万と稼げるようになり、本腰を入れるために、脱サラを決意しました。

　実は私、ずっと副業をしてきたことを夫に言っていません。結果が出たら言おうと思って。でも、軌道に乗った今でも言ってないですし、今後も言うつもりはないですね。誰かに何かを教えて稼いでいるということになっています（笑）。

●忙しい主婦でも隙間時間を使ってできる

　主婦は家事と子育てに追われて時間がありません。月に3万〜5万円あれば生活がもっと楽になるのに……と思っている方はとても多いと思います。

　私の経験上、副業は自分でいろいろ考えて実践しないといけないので、時間もお金もやりくりが大変難しいですが、メルカリ転売なら集客も作業も非常に簡単です。一度でもメルカリで不要品を売った経験があればOK。森さんのノウハウを実践すればすぐに利益が出ます。不要品より"商品"の方が断然売れます。

41

2章

ユーザーが食いつく"出品術"

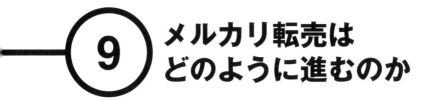

9 メルカリ転売はどのように進むのか

▶ まずは全体の流れを把握しよう

2章では、メルカリを使って高く売るための出品テクニックをお伝えしていきます。まずは転売における全体の流れを把握しましょう。

図2-1　出品前に押さえるべきメルカリ転売の6つの工程

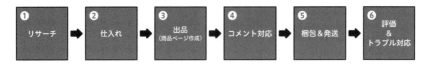

①リサーチ

出品する前に行うリサーチは、今、売れている商品を調べる工程です。**ライバルと差がつく大きなポイントですが**、初心者はいきなり仕入れからスタートしがちです。ここをしっかり押さえておくことは、売り上げを伸ばすためにとても重要です。

→詳細は57ページ参照

②仕入れ

リサーチを元に商品を仕入れます。**何を仕入れるかは、ノウハウや予算によって異なります**。最初は練習感覚で家庭の不要品を出品するのも OK です。

→詳細は3章&5章参照

③出品

お客さんが購入するかどうかを決める商品ページを作成。**商品の写真、タイトル、紹介文を用意して出品します**。本書で紹介するテクニックを活用することで、確実に早く売ることができます。

　→詳細は 52 ページ参照

④コメント対応

商品を出品すると、閲覧者が出品者に対して質問をしてくることがあります。また、**出品後からでも価格を簡単に変更できるため、値下げを提案されることがあります**。

　→詳細は 72 ページ参照

⑤梱包＆発送

商品が売れたら、迅速に梱包して発送を行います。**作業時間や経費をできる限り低く抑えることが大切です**。送料は出品者か購入者のどちらかが負担することになりますが、本書では出品者が負担することを前提としています。

　→詳細は 78 ページ参照

⑥評価＆トラブル対応

発送した商品が購入者の元に届いたら、出品者評価をしてもらいます。万が一、**アイテムに不備があり、クレームが発生したら、購入者には丁寧に応対しなければなりません**。

　→詳細は 82 ページ参照

▶ メルカリ独自のエスクローサービスとは？

　メルカリを利用したことがない人はネットで出品することに不安を感じるかもしれません。そんな人のために、「エスクローサービス」という独自のシステムを用意しています。これは**出品者と購入者をメルカリが仲介することで、入金や商品の受け渡しなどによって起こる問題を未然に防止するものです。**

　このシステムでは、購入者は一旦メルカリにお金を払い、商品が届いたのを確認できた時点で、メルカリが出品者に手数料を引いた料金を振り込むという仕組みになっています。ただし、手数料として販売価格の 10% が引かれます。

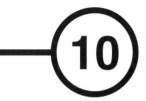

超重要な「評価」の仕組み

▶「動作数」に上限があることを知る

　出品を始める前に知っておくべきルールがあります。それは、**メルカリでは1アカウントで行える動作数の上限が設定されているということです**。これは一般的には知られているものではなく、独自に調査してわかったことです。

　動作数は、新規に出品することで1回、商品を削除して出品を取消しても1回にカウントされます。商品が売れないといって出品や取消などを繰り返しているとサーバーにも負担がかかるので、何回も繰り返すことができないよう動作数に制限が設けられているのです。

　動作数の上限を超えると、"圏外飛ばし"という状態になります。圏外飛ばしとは、商品が2年ぐらい前の下位表示に落とされて、タイムラインに上位表示されなくなることです。メルカリはタイムライン型だからこそ売れやすいのに"圏外飛ばし"にあってしまうと、そのメリットがなくなってしまいます。

　上限間際になってもメルカリからは警告や連絡はないため、突然商品がタイムラインの下位ポジションに飛ぶこともあります。

　そうなるとユーザーの目に留まらなくなるので非常に不利な状況になると言えるでしょう。

また、"同一・類似商品の大量出品"をすると、アカウント停止につながります。

　高頻度で同一商品・類似商品を多数出品したり、出品や削除を繰り返したりすることは、公平性を欠くものと規定されています。これは下記のようなメルカリの禁止事項に触れてしまうため、有在庫やサイズ・色違いの場合でも適用されます。

図2-2　メルカリで禁止されている行為

①スパム行為
②荒らし行為
③サービス運営を妨げる

　実際、ユーザーが疑問を投稿する「メルカリボックス」には、アカウント停止の理由がわからず、質問を寄せるユーザーが後を絶ちません。その大半は動作数や同一商品が影響している可能性が高いです。

　そこで、私たちが検証したところ、**新しく作ったばかりのアカウントは、最大60回まで動作できることがわかりました**（2020年5月現在）。つまり、デフォルトの状態では出品できる数は最大60個ということです。

　この動作数が増加するタイミングは、出品した商品が1つでも評価されたときです。逆に言えば、動作数が上限いっぱいになると、評価がつくまで新しい商品を出品することはできないことになります。

▶動作数の上限をアップさせるためには

　ちょっとしたお小遣い稼ぎ目的でメルカリ転売をする分には、動作数の上限が60回でも問題ないと思いますが、副業や起業として取り組む人にとっては少ない回数です。そのため、出品者としてはまず動作数の上限を増やすことが最も先決すべきことになります。

　動作数の上限を上げるのに必要なものは、**評価件数を増やすことです**。先ほどの検証では、デフォルトの状態から実績を作っていき、購入者に20回評価されていると、最大300回まで動作数の上限がアップすることがわかっています。

　20回の評価件数を得るには、そこまで難しくはありません。300回まで動作数が増えれば、副業や起業レベルでも十分に商品を回していくことができるでしょう。

　メルカリ転売初心者で、動作数を意識する方は非常に少ないと思います。ですが、これから本格的に転売をしていく中で、必ず重要になってくる要素です。ですから、まずはこの動作数を意識するようにしてください。その上で本書のノウハウを実行すれば、将来的な展望も見えてくるはずです。

評価一覧のメッセージ

▶本書のノウハウなら50パーセントは売れる

　メルカリでは取引が終わると、必ず評価をしなければならないシステムになっています。普通に転売を行っていれば、自然と評価件数は集まってくるはずです。

　もし、いつまでも評価してくれない購入者がいる場合は、一定期間を過ぎると事務局に問い合わせできるようになるので、連絡して対応してもらいましょう。

　もちろん、動作数が増えたところで成約率が少なければ意味がありませんが、本書のノウハウを守れば少なくとも50％は売れます。1日に20個出品するなら10個が売れる計算で、20評価までは比較的簡単に評価件数を稼げるはずです。将来的に大量出品するためにも、最初のうちに動作件数を増やしておきましょう。

　ちなみに、他のメルカリの解説本では、売れなければ出品を取消して、売れそうな時間帯に再度同じ商品を出品する「再出品」

と呼ばれる行為を推奨する傾向があります。ですが、「再出品」は**絶対にやめてください。出品＋取消＋再出品＝３動作とカウントされてしまい、結局出品数を減らしてしまうため、無駄な行為になるからです。**

　圏外飛ばしにならないための対策は大きく２つです。１つ目は先ほどお伝えした通り評価を貯めること。２つ目は185ページのSEO対策を実施することです。

(11) まずは家の不用品を 出品してみよう

▶ 着なくなった服を出品して感覚をつかむ

　読者のみなさんの中には、まだ一度もメルカリで商品を出品したことがない人も多いのではないでしょうか。数年前までは私もそうでしたし、副業スクールに参加される会社員や主婦の方にもそういう方が多くいらっしゃいます。

　頭ではなんとなくわかっているつもりでも、実際に使ってみると勝手は違います。まずはメルカリの出品システムを予習しておくと、本格的な転売へとチャレンジしやすくなります。

　本書がメルカリ未経験の方にオススメしているのは、**ご家庭の不要品を探して出品してみること**です。これなら商品を仕入れる作業が発生しないので、リスクは全くありません。

　片付け感覚で部屋を見渡せば、シーズンオフの服、趣味で集めた漫画、クローゼットの奥に眠っているブランドバッグ、使わなくなったけれど捨てるにはもったいない家電など、いろいろ見つかると思います。

　どんなものでも OK ですが、**一番売れやすいのは断然「服」です**。1章でも解説した通り、メルカリで最も取引件数が多い人気ジャンルはファッションです。梱包の手間が少なく、送料も安く済むので、最初の一歩には最適です。

他のジャンルのアイテムは出品したことがあるけれど、服は出品したことがないという人もいると思います。後程詳しく述べますが、本書のテーマである「初月から10万円を稼ぐ」ためには、服の転売が重要となります。ですから、メルカリを利用したことがあっても、アパレル商品を出品したことがない方はぜひチャレンジしてみましょう。

　次のページでは、メルカリでの出品方法の全体像を把握するために、操作手順を簡単に解説します。

出品の操作手順

手順1

Android版は画面右下の、iPhone版は画面下部の＜出品＞タブをタップします。

手順2

Android版は＜出品する＞、iPhone版は＜出品＞をタップします。

手順3

カメラのアイコンをタップし、商品写真を設定します。カメラで撮影することもできますが、スマホに保存した写真を使用することもできます。

手順4

商品のカテゴリー、サイズ、ブランド、状態を設定します。なお、手順3で設定した商品写真を画像認識して、カテゴリーが自動的に反映されることもあります。

手順5

商品名を入力します。商品説明はテンプレートも用意されているので、何を入力すれば良いかわからない場合は参考にしてみましょう。

手順6

配送料負担や配送方法などを設定します。

手順7

販売価格を設定し、＜出品する＞をタップして、出品します。

　以上で出品作業は完了です。売る物が決まっていれば、数分でできます。練習の意味も含めて、まずはトライしてみましょう。

(12) ライバルに差をつける「市場リサーチ」

▶ より高く、より効率的に売るために

　メルカリで利益を大きく出せる人と上手くいかずに失敗する人の違いは何か。それは事前のリサーチの有無です。

　多くの方から「メルカリの売り上げをアップしたい！」と相談をいただきますが、**売れていないプレイヤーのほとんどはリサーチをしていません。**

　転売は「リサーチに始まり、リサーチに終わる」と言っても過言ではありません。まずリサーチの大事さを理解するとともに、具体的なリサーチ方法を覚えましょう。

　たとえば、出品する際、「値付け」「写真の取り方」「タイトルと説明文」などの大切な要素は、適当に決めてはいけません。しっかりとした根拠や理由をもって実行します。

　何となく出品すると、本当は1500円で売れるアイテムを1000円で売ってしまったり、もしくは売れるはずの商品を処理できなかったりして、利益を下げてしまいます。

　しかし、リサーチを事前に実行すれば、メルカリの正しい市場を知ることができ、ターゲット層に魅力的なアプローチができます。結果としてより早く、より高い価格で商品を売れるようになります。

▶「売り切れ検索」で価格と回転率をチェック

　リサーチの方法は大きく2種類に分けられます。

　1つはすでに取引が成立した商品について調べる「売り切れ検索」です。売り切れ検索は、検索ボックスに商品名を入力。絞り込み機能で販売状況を「売り切れ」に設定すると、表示できます。

　たとえば、ナイキのジャージについて調べる場合には、キーワード検索に「ナイキ」と設定。カテゴリー検索で「ジャージ」を選びます。次に形状や色なども指定していき、最後に売り切れ設定を入れます。

　売り切れ検索でチェックしたいのは、**売れた頻度と価格です**。商品ページをスクロールすると、売れたタイミングが表示されるので、そこを確認しましょう。

　1日1個以上売れていると回転率が良いと判断。逆に5日間で1個などと少なかったら低回転率のため、あまり売り上げは期待できません。価格についても、値付けを決める際の基準としてチェックしておきます。

売り切れ検索の手順

手順1

まずは、出品したい商品をキーワード検索します。

手順2

絞り込みのメニューから＜カテゴリー＞で性別を選び、さらに商品ジャンルを選んでいきます。

手順3

次に絞り込みのメニューの一番下に、表示されている＜配送料の負担＞からすべてをチェック、さらに＜色＞も選択します。

手順4

最後に＜販売状況＞をタップして＜売り切れ＞を選択します。

手順5

売り切れの商品だけが絞り込まれました。ここから売れ筋の商品や価格を調べることができます。

手順6

商品ページをスクロールすると、枠で囲った部分のように売れたタイミングが表示されます。これをもとに商品の回転率を判断します。

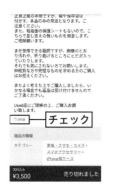

▶「販売中の検索」で現在の相場状況を確認

　2つ目のリサーチ方法である「販売中の検索」は、現時点で市場に出回っている商品についてのリサーチです。

　方法は「売り切れ検索」でチェックした「売り切れ」の項目を外し、代わりに「販売中」にチェックを入れるだけです。

　「販売中の検索」の目的は、**売り切れ検索で調べた価格が正しいかどうかを、現在の市場と照らし合わせてチェックすること**。

　販売中検索で調べてみたら、そもそも取り扱っている商品がたくさん出品されていて売れていなかったり、飽和していたり、値崩れしていたりする場合もあります。そういったケースを防ぐために、今出回っている商品の価格、在庫量などを確認します。もしあまりにも価格が下がっていたり、在庫が飽和していたりしたら、出品自体を検討することも必要です。

13 いくらの値段を付ければいいか

▶ 似たアイテムの売上価格を調べる

　正しい値付けは、前項で紹介した「売り切れ検索」と「販売中の検索」を使って決めます。この２つのリサーチ方法を使えば、商品の回転率と、売れたときの価格、さらに現在の市場価格を正確に把握できるので、適切な値付けも見えてきます。

　ここを間違えると、どんな良い商品でも売れないことがあるので確実に行いましょう。

　まず、出品したい商品と同じ商品の売り切れ履歴画面を表示して、売れた価格をチェックしていきます。

図2-3　売り切れた商品の価格とその差

　たとえば、全て同等の条件にある同じ商品であっても、Ａさんは２万円、Ｂさんは２万1000円、Ｃさんは２万7000円で売れたとしましょう（図2-3）。「販売中の検索」でも値崩れはありません

でした。さて、あなたは、この結果を見ていくらの価格を付けますか?

　利益を得るためにできるだけ高く売りたいという気持ちはみんな同じです。Ｃさんが2万7000円で売れたのであれば、自分も2万7000円で売れるだろうと期待する人も多いでしょう。逆に、在庫を抱えたくないので、早く売りたいという人であれば最安値の2万円をつけるかもしれません。

　しかし、これはどちらも不正解で、初心者が値付けにおいて陥りがちな間違いです。では、上記のＡ、Ｂ、Ｃの価格の平均値となる2万2600円の価格を付ければ良いのかといえば、これも早計です。

▶ 値付けに妥協は許されない

　ポイントは商品の回転率の高さです。

　先程の例でいえば、回転率が高ければ強気にいって2万7000円、低ければ2万1000円にするのが正解です。

　また、商品の一部に傷が付いているのであれば適正価格から多少の値引きをする。一度も使っていない美品は価値があるので適正価格に少し上乗せする。このように、商品の状態に応じて価格を変えていけば、ユーザーも納得してお金を出してくれます。

　メルカリはタイムライン型の投稿システムです。閲覧者は、最初に判断するのはトップ画像と価格の2つだけ。そのため、適正なプライスはユーザーが購入するかどうかの重要な判断材料となるので、一切妥協しないでください。

(14) 「すぐ売る」ための撮影テクニック

▶ 撮影に必要な環境を整える

　商品ページ作成の中で最も注力してもらいたいのが、撮影です。なぜなら、メルカリのタイムライン上には、商品タイトルは表示されません。このページでユーザーが受け取る情報は、写真と価格のみ。つまり、魅力的な写真を載せていなければ、「売れる商品」でもユーザーの興味を引くことなく、タイムラインに埋もれてしまいます。

　特に、トップ画像は多くのユーザーの目に留まります。**商品に興味を持ってもらえるかどうかは、このトップ画像次第といっていいでしょう。**

　商品画像を撮る手順として、まずは撮影に必要な環境を整えていきます。

　カメラは普段使っているスマートフォンで問題ありません。ただし、ガラケーを使用している方は、デジタルカメラを使いましょう。

　暗い写真では商品の魅力が半減しますので、撮影前に、光度を明るめに設定します。また、衣類やバッグなどであれば、よれてシワがある状態で撮るのはNGです。多少手間はかかりますが、アイロンをかけておくとベストです。

▶ 背景は白色が基本

　Amazonや楽天市場をはじめとした多くのECサイトでは、商品写真の背景に白色を使うように推奨しています。実際に商品ページを見てみると、ほとんどの商品写真の背景が白色であることがおわかりになるでしょう。

　メルカリにはこうした規定はありませんが、私はメルカリ転売でも**商品画像の背景はできるだけ「白色」を使うようにオススメしています。**

　白色の背景は、商品の輪郭や色をはっきりさせるという視覚的なメリットだけでなく、マーケティングにおいても購買率が高くなるという研究結果が発表されています。これを基本にした上で、おしゃれ感が求められるアパレルジャンルであれば、背景をタイル地などにして見映えをよくするのもOKです。

▶ 新品と中古品で掲載写真の枚数は変わる

　撮影環境を整えたら、掲載カットを決めます。メルカリでは商品写真をトップ画像を含めて最大10枚まで添付できます。

　勘違いする人も多いのですが、写真が多ければ売れるというものではありません。必要以上に写真を撮るのは、撮影作業に時間を取られてしまうのでNGです。

　必要な写真の枚数は、新品と中古品で変わります。

　新品の場合は4〜5枚の画像で十分です。大抵の商品はそれぐ

らいの枚数があれば、商品の特徴を伝えることができるからです。

　まず、トップ画像には商品の全体がわかる俯瞰の写真を選択します。Amazon の商品ページからメーカーオフィシャルの写真を流用して載せるのが手っ取り早く、オススメです。

　ただし、Amazon の画像だけで出品しないことがとても重要です。無在庫転売を疑われてアカウント停止になる恐れがあります。

　そのため、**Amazon の画像を使いつつ、1 枚だけは必ず実物の写真を載せることがポイント**。実物の写真は 4 枚目や 5 枚目で構いませんが、このポイントだけは必ず守ってください。

　一方、**中古品は劣化部分があればあるほど、その部分も含めて丁寧に撮影すべきです**。劣化部分を載せると売れなくなると思われるかもしれませんが、実際には逆です。

　店舗と違ってアイテムを手に取ることができないので、ユーザーは写真と説明文で商品を判断します。中古商品なのに劣化部分の情報がなければ、かえって手を出しづらくなります。出品物の状態を写真でしっかりと教えてあげるようにしましょう。

　どのアイテムも傷が付きやすい角部分は必ず撮影してください。変色があれば○を付けるなどして目立たせて、「色移りあり」といったように、気になる部分を写真にも明記します

　ほかにも服なら裏地や襟回り、袖回り、裾回り、後ろ側、タグなどを気にする人が多いです。写真と説明文との矛盾がないことを証明するために、丁寧な撮影を心がけましょう。

▶売り文句をトップ画像に付けて訴求力アップ

メルカリでは、**トップ画像の自由な加工が許可されています**。これは有名なサイトやアプリの中ではメルカリぐらいで、Amazonや他のプラットフォームでは認められていません。

トップ画像を加工できる利点は、**たとえば「新品未使用」といった売り文句や、ブランドのロゴを画像に貼り付けられることです**。たとえば、メルカリでルイ・ヴィトンの財布を検索すると、ルイ・ヴィトンのロゴを張り付けた写真や、モノグラム柄の背景の写真がトップ画像として使われていることがあります。Amazonで探しても、こうした写真は出てこないはずです。

トップ画像を加工することによって、商品の状態やブランドをダイレクトに訴求できるようになります。競合ユーザーとの差違を出せるため、転売上級者は必ず用いてます。

秒単位で入れ替わるタイムラインの中では、このように自分の商品を目立たせる工夫が必要です。

トップ画像にブランドロゴと売り文句を貼り付けた好例

15 タイトルと説明文で売るコツ

▶ 正しいタイトルを付ける

　商品を撮影したら、タイトルと説明文を作成します。

　基本的にユーザーのほとんどは、キーワード検索機能を利用して商品を探します。そのため、閲覧回数を増やすには、このキーワードを正しく入力している必要があります。

　たとえば、ワンピースを出品しているのにタイトルに「トートバッグ」と書いてあれば、ワンピースの検索結果としては表示されません。adidasの商品を出品しているのに、タイトルにNIKEと書いてあれば、検索結果ではNIKEの商品として表示されます。

　これらは極端な例ですが、**実際の商品とかけ離れたワードが盛り込まれていると、見た人は商品を正確に判断できなくなります。**

　正しいキーワードを入力しつつ、カテゴリーやブランド名についても正しく選択するようにしましょう。

　ワンピースならレディースやトップス、ワンピースの項目を選択していること。ブランド名についてもルイ・ヴィトンと選択していたら、ヴィトン、ルイ・ヴィトン、Luis viton というキーワードに反応するようになります。

▶できるだけ多くのキーワードを入れる

ケーススタディで考えてみましょう。グッチの財布を出品して、タイトルに「GUCCI　財布」と入れたとします。一見、これでいいようですが、不十分です。

このタイトルでは、ブランドと商品ジャンルはわかりますが、レディース用かメンズ用かはわかりません。また、3つ折り、2つ折り、長財布なのかもわかりません。これでは確実に情報不足です。

メルカリのタイトルは商品をカテゴライズしたり、特徴を明示したりするために存在します。**40文字の中に、できるだけ多くのキーワードを入れて検索結果にヒットしやすくすることがポイントです。**

キーワードという網を使って、獲物（閲覧者）を捕らえるイメージです。当然キーワードは多ければ多いほど、閲覧者は引っ掛かりやすくなります。

基本のキーワードは、商品ジャンル、ブランド名、商品特徴です。先ほどのケースなら「GUCCI」「グッチ」「長財布」「GG柄」などです。さらに売れている人を参考にして、商品の特筆すべきポイントも加えていきましょう。

また上記以外に、購入意欲を沸き立たせるフレーズを入れる方法もあります。**「送料無料」「最新」「一生モノ」など、魅力的な言葉が盛り込まれていると、売り上げアップを確実に望めます。**

本書では、購買率をアップさせる154のキーワードを特典としてプレゼントしています。ぜひ巻末の公式ラインまでアクセスし

てください。

▶ 売れている人の真似をするのも手

　商品の紹介文は 1000 文字まで入力できます。これは、400 字詰めの原稿用紙 2 枚半に相当し、かなり多くの情報を盛り込むことができます。

　かといって、いくら説明文を多く書いたところで、売上率はアップしません。自分が購入者になったときを想像してください。説明文を最初から最後まで詳細に読む人は少ないでしょう。

　説明文には、**購入者が知りたいであろう情報を適切に盛り込んでいくことが大切です。**

　たとえば、アパレルならサイズや着丈は誰もが気にする情報です。当然のことですが、体型に合っていないものをわざわざ買う人はいません。

　また中古品であれば、閲覧者は購入日をは気にするはずです。これは経年劣化にも関わることなので、売れている人は必ずといって良いほど記載しています。

　時間がなかったり、迷ったりする場合は**売れている人の真似をするのも賢い方法です**。また、Amazon などの EC サイト、さらにはブランドやメーカーの説明をそのままコピー＆ペーストするのもアリです。

　初心者が目指すべきは、限られた時間の中で効率良く出品することです。そのためにはなるべく楽をすること。ある程度の経験

を積んでいけば、自然と自分だけの商品説明テンプレートもできてくるはずです。

▶ 出品時間よりも商品紹介ページを重視する

効率良く出品することが大切だとお伝えしましたが、**たまに商品ページ作りよりも、閲覧されやすい時間への投稿に力を入れる人がいます。しかし、それは間違いです。**

たとえば、商品ページに主婦向けと記載してあれば、主婦が見る確率は圧倒的に高くなります。基本的には、商品カテゴリをきちんと設定していれば、狙っているターゲット層にヒットするのです。

ですから、出品時間を意識するよりも、きちんと整合性の取れた出品ページを作るほうが、よほど売り上げに貢献します。まずは、商品ページの充実に力を入れることが大切だと覚えましょう。

(16) コメントへの正しい対応

▶ 評価を落とさないことを第一に考える

　商品を出品した後、ユーザーからコメントが寄せられてくることがあります。「在庫はありますか？」「このサイズはありますか？」「もうちょっと価格を下げてほしいです」など、その内容はさまざまです。

　コメントへの対応は、評価に直結する重要なものです。1章でお話しした通り、評価は「良い」「普通」「悪い」の3段階制になっており、閲覧者が売り手の「質」を推し量る数少ない判断材料となります。

　メルカリではユーザー同士はお互いの顔が見えないまま取引します。「良い」の評価数は、ユーザーの信頼性に直結するので、評価を上げるほど、将来的な売り上げアップが見込めるようになります。

　ただし、評価を上げることに時間を取られすぎるのは、効率が良くありません。私の経験上、**細かい質問や無理な値下げ要求をする人は買わない確率が高いです。**

　ですから、基本的なスタンスは、「評価」を落とさないようにコメント返しをするぐらいの気持ちでOKです。**聞かれたことに対して、最低限のコメントを返事すれば問題ありません。**

ちなみに、メルカリアプリでは基本的にコメントがくるとプッシュ通知で知らせてくれるので、定期的にチェックしていればコメントを見逃すことはありません。通勤中や就寝前など、ちょっとした隙間時間を利用してコメント対応するようにしましょう。

　下記の写真のようにコメントがくると、スマホのプッシュ通知とメルカリアプリの＜お知らせ＞に表示されます。通知がこない場合は、＜マイページ＞の＜お知らせ・機能設定＞から、プッシュ通知の設定を確認しましょう。

お知らせ機能からプッシュ通知をONにする

▶ 質問にはできる限り、調べて答える

　コメントへの返事で、最もよくある失敗は雑な応対をしてしまうことです。とくに購入希望者からの質問に、適当に答える人は意外と多くいます。

　メルカリに出品されている商品は、店頭のように手に取って見ることができず、閲覧者は写真や説明文で商品を判断するしかありません。そのため、ユーザーはちょっとした疑問点が生まれると、積極的に質問してきます。

　たとえば、服を出品したとします。あるユーザーから「Mサイ

ズはありますか？」と聞かれました。この質問に「女性でも男性でも対応しているサイズだから大丈夫です」と返事をしたら、相手はどう思うでしょうか。自分が購入希望者の立場になって想像してみれば、質問に対して正確に答えられない出品者から買いたいとは思わないはずです。

　もし自分ではわからないことを聞かれたら、メーカーのサイトやAmazonなどを利用してきちんと調べてください。

　ただし、海外メーカーの製品の場合、インターネットで調べてもわからない場合も少なからずあります。その際も、適当に答えてはいけません。「同梱している説明書などに記載されている可能性があります」というように、明言を避けます。これは間違った情報を伝えないようにするためであり、クレーム対策のためでもあります。

　また、メルカリは10〜30代の若いユーザーがメイン層なので、言葉遣いにも注意が必要です。丁寧すぎても堅い印象を与えます。状況に応じて絵文字を意図的に使うぐらいが良いでしょう。

▶ 値下げ交渉への対応

　1章でも少し触れましたが、メルカリには値下げ交渉という独自の文化があります。

「提示している価格を下げてくれるなら購入する」というユーザーからの申し出ですが、**こういった交渉には基本的には断る姿勢を取りましょう**。なぜなら、「5000円で出品している商品を3000円にしてください」というような、度を越えた価格を提示してく

る人が多いからです。

　ただし、ぶっきらぼうに断ってしまうのはもったいない。**こちらから新たな提示をすることで切り抜けるのが賢い手法です。**
　たとえば、在庫が溜まっている2000円相当の商品をセットで付けて、「6500円でどうですか？」と言ったように持ちかけてみましょう。少しだけ価格を下げつつ、在庫処分もする。販売機会を逃さないようにする一石二鳥の方法です。

　もし値下げ交渉に素直に応じてしまうと、「安く仕入れて高く売る」という転売ビジネスの鉄則が破綻します。安売りは物販におけるご法度。市場全体における商品の価値を下げてしまいます。
　ある商品をやたらと安く売っている人が出始めると、市場価格がそれに続いてしまい商品の価値が崩れます。安易な値下げには絶対応じないというのが転売、ひいては物販のルールでもあります。

　ただ、例外もあります。それは、どうしても在庫を捌く必要がある場合です。そのときは相手が提示する値段ではなくて、「500円くらいなら値引きしても良い」と許容範囲を決めましょう。それでもしつこく無茶な値下げ要求を続けてくる人がいたら、「○○円までなら大丈夫ですが、ご提示いただいた値段では値下げできません」といったように、きっぱりと断りましょう。

2章　ユーザーが食いつく"出品術"

▶「取り置きしてほしい」にどう応えるか

　購入を検討している閲覧者から「取り置きしてほしい」と、コメント機能で要望されることがしばしばあります。本来、メルカリは取り置き不可能なプラットフォームです。しかし実際には、特定のユーザーのために出品ページを新たに作って、取り置きできるようにする暗黙のルールが共有されています。

　取り置き専用ページは、トップ画像とタイトルに「○○様専用ページ」というキーワードが入っているので、すぐわかります。慣れている人は、専用ページで取り置きされている商品を勝手に買うことはありません。購入側も評価されるシステムを採用しているメルカリでは、他人のものを横取りすることで、評価が下がる可能性があるからです。

専用ページのトップ画像

また、専用ページを作ったからといって確実に売れるわけではありません。しかも、コメント対応に加えて専用ページまで作るとなると作業時間がそれだけ増えます。そのため、どこまで相手の要望に応えるかは、**時給換算における費用対効果に見合うかを考えて、ケース・バイ・ケースで対応する姿勢が大切です。**

　その上でもし、専用ページを作る際は、商品ページのトップ画像とタイトルに「○○様専用」と目立つように入れて編集します。他の人が購入してしまった場合にキャンセルするとペナルティが発生するため、リスクも大きいことを理解しておきましょう。

2章｜ユーザーが食いつく〝出品術〟

（17）梱包と配送方法で経費を抑える

▶ クレームにならないよう慎重に梱包

少しでも利益を上げるために、一番簡単に節約できる工程。それが梱包と配送です。

まず、梱包から解説していきます。メルカリで特別な規定はありませんが、配達中に商品が壊れるとクレームの元になってしまいます。こうした面倒を防ぐためにも、しっかりと商品を保護する必要があります。防水や破損防止の目的も兼ねているので、全ての商品において丁寧に行うことを心がけてください。

必要な道具などを次のページにまとめました。100円ショップやホームセンター、文具店などでも販売しているので、転売に本格的に取りかかる前に一通り揃えておきましょう。

梱包の手順は商品ジャンルで異なります。詳しくは、メルカリガイドの「梱包の仕方」を参照しましょう。服やCDなど、売れ筋ジャンルの商品の梱包方法が写真付きで解説されています。

なお、私が教えているノウハウでは、基本的に大型の家具や家電は取り扱いません。メインは、アパレル、家電、スマートウォッチなどのIT機器や寝袋などのアウトドア用品といった比較的小さいサイズの商品です。

これには理由があり、商品が大きくなればなるほど、梱包が大

変になり、発送料も高くなってしまうからです。梱包に手間がか
かると、作業時間が長くなります。**効率的に商品を回転させるた
めに、取り扱う商品は小さいものに絞るのが理想**です。

梱包・配送に必要な道具

- ●ハサミ
- ●カッター
- ●ダンボール
- ●ガムテープ
- ●セロテープ
- ●OPP袋
- ●宛名ラベルシール
- ●角形A4サイズ封筒
- ●専用資材（※レターパック、宅急便コンパクトなど）
- ●緩衝材（エアーキャップ、気泡緩衝材、新聞紙など）

▶ 最も安い配送方法を選ぶ

　次に配送です。メルカリの配送方法は、10種類以上用意されて
います。80ページに、各配送方法の条件と送料を表にまとめまし
た。

　配送料を決めるのは、「サイズ」「重さ」「厚さ」です。近年は、
宅配物用厚み測定定規などの便利なグッズが登場しています。ネ
コポスやゆうパケットなどに対応しており、本や服などを発送す
る際に重宝するので、気になる方はチェックしてみてください。

　たとえば、A4で収まるサイズで、厚さ2cm、重さ200gという
条件のTシャツ1着を送りたいときは、「らくらくメルカリ便の
小型（小型）」「ゆうゆうメルカリ便（小型）」「ゆうメール」「レ
ターパックライト」「クリックポスト」「ゆうパケット」などが条
件に合致します。この場合は、専用資材も必要としない「ゆうゆ

図版2-4　配送方法

配送方法		サイズ	重さ	料金(税込)
らくらくメルカリ便	小型	縦31.2cm×横22.8cm×厚さ2.5cm以内	1kg以内	全国一律195円
	小型〜中型	縦25cm×横20cm×厚さ5cm以内	−	全国一律380円
	中型〜大型	60サイズ	2kg以内	全国一律700円
		80サイズ	5kg以内	全国一律800円
		100サイズ	10kg以内	全国一律1000円
		120サイズ	15kg以内	全国一律1100円
		140サイズ	20kg以内	全国一律1300円
		160サイズ	25kg以内	全国一律1600円
ゆうゆうメルカリ便	小型	3辺合計60cm以内(うち長辺34cm以内)、厚さ3cm以内	1kg以内	全国一律175円
	小型〜中型	縦24cm×横17cm×厚さ7cm以内	2kg以内	全国一律375円
	中型〜大型	60サイズ	25kg以内	全国一律700円
		80サイズ	25kg以内	全国一律800円
		100サイズ	25kg以内	全国一律1000円
ゆうメール		縦34cm×横25cm×厚さ3cm以内	〜150g	180円
			〜250g	215円
			〜500g	310円
			〜1kg	360円
レターパック	プラス	縦34cm×横24.8cm	4kg以内	520円
	ライト	縦34cm×横24.8cm×厚さ3cm以内	4kg以内	370円
普通郵便	定形	25g以内		84円
		50g以内		94円
	定形外(規格内)	50g〜1kg以内		120〜580円
	定形外(規格外)	50g〜4kg以内		200〜1350円
クロネコヤマト		60サイズ未満(コンパクト)	無制限	610〜1160円
		60サイズ	2kg以内	930〜2030円
		80サイズ	5kg以内	1150〜2580円
		100サイズ	10kg以内	1390〜3150円
		120サイズ	15kg以内	1610〜3700円
		140サイズ	20kg以内	1850〜4270円
		160サイズ	25kg以内	2070〜4820円
ゆうパック		60サイズ	25kg以内	810〜1550円
		80サイズ		1030〜1760円
		100サイズ		1280〜2010円
		120サイズ		1530〜2270円
		140サイズ		1780〜2550円
		160サイズ		2010〜2770円
		170サイズ		2340〜3160円
クリックポスト		長さ:14〜34cm、幅9〜25cm、厚さ3cm以内	1kg以内	全国一律188円
ゆうパケット		3辺合計60cm以内(うち長辺34cm以内)、厚さ1cm以内	1kg以内	250円
		3辺合計60cm以内(うち長辺34cm以内)、厚さ2cm以内		310円
		3辺合計60cm以内(うち長辺34cm以内)、厚さ3cm以内		360円

うメルカリ便（小型)」を選ぶと良いでしょう。

　また、カメラのような高額な機器や家電などは、補償と追跡の
サービスがつく配送方法を選択。アパレルや本など一般的な商品
はレターパックやクリックポストなどの配送料が安い方法を選ぶ
ようにしましょう。

　送料が10円高くなるだけでも、10件送れば100円の売上損失
に、100件送れば1000円の売上損失になります。転売ビジネスを
していく上で、どれだけ送料と梱包資材を安くできるかによって、
利益は確実に変わります。たかが配送料と思って、適当に選ばな
いようにしましょう。

　ちなみに、匿名配送ができるメルカリ便以外の配送方法では、送
り状に相手の住所を記載する必要があります。手書きはかなり時
間がかかるため、相手の住所をコピー&ペーストし、宛名ラベル
シールに印字するとスムーズです。本書特典のひとつとして、ラ
ベルシールのフォーマットを用意しました。ぜひダウンロードし
て活用してください。

18 取引者に評価してもらうために

▶ステータスを記録して取引忘れを防止

めでたく商品が売れると、購入者とのやり取りが発生します。タイミングは2回あり、商品の発送後（発送通知）と購入者の商品受け取り後（購入者評価）です。

ポイントはコメント対応のときと同じで、「時間をかけすぎず、丁寧に」を意識することです。下の写真のように「発送しました。○○日に到着予定です」や「商品いかがでしたか？ 評価をお願いいたします」と、簡易的なメッセージで問題ありません。

売れた後の購入者とのやり取りの例

ただし注意点は、出品者と購入者双方の評価を完了させておかないと売上金が入らないことです。出品数が少ないうちは問題は起きませんが、出品数が増えてくると、どの取引にどこまで対応したのかわかりづらくなってくることがあります。

慣れてくると、一度に数百以上もの商品を出品することもあるでしょう。取引忘れを防止するためにも、自分でしっかりと管理するクセをつけておきましょう。

▶不備がなくても「悪い」の評価を付けるユーザー

　特に問題なく取引が完了したら、販売者も購入者も相手に「良い」の評価を付けるのが、メルカリの共通認識です。中には「普通」評価を付けるユーザーも存在しますが、もし付けられてもあまり影響はないので気にしなくて大丈夫です。

　厄介なのは、こちらに一切不備がないにも関わらず「悪い」評価を付けてくるユーザーです。実際、メルカリボックスにも、不当評価の取消方法を質問するユーザーを多く見かけます。

不当取引に関する質問は多い

　しかし残念ながら、このような場合の対応策は存在しません。ほかにも同様の行為を繰り返している悪質なユーザーであれば、事務局に対応してもらえる可能性がありますが、現状では泣き寝入りするしかありません。**ブロックして次の取引に切り替えましょう。**

19 商品発送後の トラブル対応

▶ クレームにはしっかりと対応する

「梱包の不備で破損した」「商品に不備があった」など、商品発送後には、返品や交換に関する問い合わせを受けることがあります。

初めて対応する場合は、どうしたら良いかわからないでしょう。焦る必要はありません。まずは、**アカウントの評価を落とさないためにも、自分の不注意が原因の場合は、真摯に対応することが大事です。**

商品発送後のトラブルで、圧倒的に多いのはクレームです。「壊れていた」「思っていたより劣化が酷い」などはその代表例です。

クレームの内容が真実かどうかを、出品者が判断する確実な方法はありません。相手の主張に筋が通っているのであれば、しっかりと応対する必要があります。

たとえば、メーカー品だったら1年間の保証があるので、基本的には同梱している保証書を見てメーカーに直接連絡してもらうように伝えましょう。

▶ 悪質なクレーマーも存在する

決して多くはありませんが、中には言いがかりのようなクレー

ムをつけてくる人もいます。そういった場合にはメルカリ事務局に報告すべきです。**自分のアカウント保全のためにも放置はしないほうが賢明です。**

　プロフィールや商品説明に、「ノークレーム・ノーリターン」と書く出品者もいますが、即購入できるメルカリのシステム上、現実的にはそれは不可能です。望まない人との取引を拒否したいあまりに出品者側から販売拒否や取り下げを行ってしまうと、ペナルティが発生するので注意しましょう。

2章　ユーザーが食いつく"出品術"

利益を全て貯金して脱サラに成功したBさん

■ 年齢	35歳
■ 現住所	長崎
■ 家族	独身
■ 現在の職業	講師業、コンサルタント、物販、会社経営
■ 前職	システムエンジニア
■ 当時の月収	手取り15万円
■ 現在の売上	年商2000万円
■ ビジネス歴	3年

● 1年弱で会社の給料を超える利益を出す

　転売ビジネスをやってみようと思ったきっかけになったのが、専門学校の同期の存在でした。5歳年下だったのですが、大手保険会社の正社員として採用されていたので、給料の格差をすごく感じました。当時の私は、貯金0円。将来への不安がかなりあったので、携帯代など固定費の節約を心がけていました。

　このタイミングで、丁度ボーナスが入りました。これを引越し代にするか、何かのビジネススクールに通って学ぶか。かなり迷いましたが、私は後者を選びました。

　これが森さんの運営しているスクールとの出会いでした。ノウハウを学び、今では年商2000万の会社を経営するまでになりま

したが、最初から上手くいったわけではありませんでした。メルカリ転売を開始した初月の売り上げは3万円、利益は±0円。2カ月目などは、不要品を売買して無理矢理8万円の売り上げを作ったほどです。ですが、3カ月目からは10万円、4カ月目は12万円、5カ月目は14万円、6カ月目は20万円、9カ月目はついに会社員の基本給を超え、着実に売り上げをアップしていきました。

　利益は全て貯金して、副業収入だけで1年間で200万円貯金しました。生活はこれまでの会社員時代の収入で賄い、趣味の時間を物販に当てました。逆に、これまでよりお金を使うことがなくなっていました。

●「脱サラしてすべてが自由になった」

　丁度9カ月経った頃には、月利30万円稼げるようになりました。もともと脱サラする気はなかったのですが、森さんに一緒に仕事をしようと声をかけられて一瞬で決めました。最悪、元の会社員に戻ればいいですしね。

　脱サラしてからは、2020年1月に自分の会社を設立して、代表取締役に就任しました。良かったことは時間と場所が自由になったことです。好きなところに行けて、好きな時間に仕事ができる、いろいろな人に会える。いろいろな体験ができます。

　脱サラして悪かったことは何1つありません。私自身が成功したのは、環境や人との出会いが重要だったと思います。まずは、自分より先に実践している先駆者や成功者にたくさん会うことです。

3章

転売は仕入れに
極意あり

(20) 仕入れ先がメルカリ転売の成否を決める

▶ 自分に合った仕入れノウハウを見つける

　転売をする上で、私が最も重視しているのが、仕入れ先の確保です。"安く仕入れて高く売る"転売において最も重要な部分であり、まずは**優良な仕入れ先を見つけることが稼ぐ転売には不可欠です**。

　メルカリ転売にはとても多くの仕入れノウハウがありますが、それぞれ利益率や作業時間、仕入れ方法、難易度は全く異なってきます。

　本章では、**数ある中から厳選した15の仕入れノウハウを紹介します**。まず、1〜9まではメルカリ出品を想定したノウハウについて説明します。また、6章で詳しくお伝えしますが、30万円以上稼ぐためには複数のノウハウも必要になってきます。そのため、10〜14まではメルカリ以外のAmazonや実店舗を想定した転売方法について解説します。

▶ 複数の仕入れ先を確保しておく重要性

　転売の業界では1つのノウハウは決して息が長くありません。これまで使えていたノウハウが、ある日急に通用しなくなることもあります。

そのため、保険として常にいくつかの仕入れノウハウをストックしておくと安心です。また、転売を始めたての頃は1つのノウハウに集中すべきですが、中級者以降になると複数のノウハウを並行して扱っていく技術も必要になります。

　リスクヘッジを考えながら、転売を実行していく。その点を押さえた上で15の仕入れノウハウを見ていきましょう。

図3-1　15の仕入れノウハウ一覧表

	ノウハウ名	主要な転売先	難易度
1	サンプル品転売	メルカリ	低
2	革靴転売	メルカリ	低
3	Amazonダメージ転売	メルカリ	低
4	タイ仕入れ古着転売	メルカリ	低
5	古着・アパレル転売	メルカリ	中
6	ブランド品転売	メルカリ	中
7	カメラ転売	メルカリ	中
8	100円仕入れ	メルカリ	中
9	中国輸入	メルカリ	中
10	楽天ポイントせどり	Amazon	低
11	バイマ無在庫転売	バイマ	中
12	中国輸入	Amazon	高
13	eBay輸出	eBay	高
14	貿易	実店舗	高
15	ノーリスク中国輸入	メルカリ	低

(21) 仕入れノウハウ①　サンプル品転売

▶ サプリやコスメの試供品を仕入れる

　大手人気メーカーでは、化粧品やサプリなどの新商品を0円、もしくは初回限定価格で提供することがあります。「サンプル品転売」とは、これらの試供品を手に入れて販売する手法です。

　女性の化粧品には高額な商品がたくさんあります。気になる商品を試したくても簡単には購入できない女性は多いため、サンプル品の需要はかなり高いです。特に、ブランドコスメのサンプル品は高い人気を誇ります。

　サンプル品の仕入れは、**インターネットで「サンプル品　無料」と検索すれば、無料でサンプルを入手できる化粧品や健康食品などのメーカーページを見つけることができます。**そこで条件を確認して商品を仕入れ、メルカリで販売します。

　注意したいのは「初回無料商品」となっていても、次月から有料というパターンです。この場合は次月に解約しても違約金がかからないことを押さえて、2カ月目以降に忘れずに解約するようにします。

▶ 原価は低いが、継続性はなし

　仕入れた試供品は無料のものが大半です。仕入れ額を抑えられるため、メルカリまたはAmazonで販売すれば高い利益率を実現できます。

　ただし、**基本的には1人1回しか仕入れることができません**。他のノウハウのような継続性や将来性は期待できないのが難点です。まずは、物販を試したいけれど一歩踏み出せないという初心者の方に適したノウハウと言えます。

サンプル品転売まとめ

難易度　低
仕入先　インターネットなど
販売先　メルカリ、Amazon
仕入資金　10万〜15万円
利益率　30〜40％
利　益　△　再現性　◎　即効性　◎　継続性　×　将来性　×

主な流れ

① 試供品を仕入れ → ② メルカリやAmazonに出品 → ③ 商品が売れたら梱包・発送

(22) 仕入れノウハウ②
革靴転売

▶ 転売市場では需要の高いジャンル

　転売で安定して利益を上げていきたい初心者に最適なのが「革靴転売」です。サンプル品転売や後述の楽天ポイントせどりと比較すると、難易度は高くなりますが、この後解説するアパレル転売の準備段階にはぴったりのノウハウです。

　革靴にそんなに需要はないのではと思うかもしれません。メルカリの売り切れ検索で、ぜひ「革靴」を検索してみてください。人気の革靴ブランドは軒並み売れていることがわかるはずです。**革靴はビジネスマンの定番アイテム、かつ消耗品なので、市場規模はとても大きいのです。**

▶ 平均利益率50%で回転率も優れる

　仕入れ先は、アパレル系の中古ショップがメイン。「セカンドストリート」「オフハウス」「ドンドンダウン」など、アパレル系の古着を扱っているチェーン店が中心です。狙い目のブランドは、カジュアルからフォーマルまで幅広いシーンで使える「リーガル」「ドクターマーチン」「スコッチグレイン」がオススメです。

　革商品はへたれていたり、色がくすんでいたりなど、汚い状態が多いですが、リペア（簡単な修理）すると、新品と遜色ない美

しさへと甦ります。

　理想は2000〜3000円で仕入れたものを7000円ぐらいの価格でメルカリで販売。革靴転売の利益率は平均50%、**慣れてくれば75%にもなります。回転率が良いため、出品後1〜2週間で売れるのが一般的です。**

　作業時間は1日3時間当たりの作業時間を確保できれば、十分に達成できます。なお、定期的に仕入れに出向くのが難しい人は、一度で効率良く済ませるために車を所有していると、便利です。

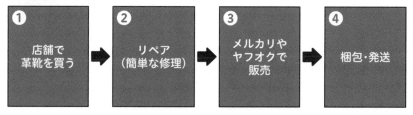

革靴転売まとめ

難易度　低
仕入先　店舗
販売先　メルカリ、ヤフオク
仕入資金　10万〜15万円　利益率：50〜70%
利　益　○　再現性　◎　即効性　○　継続性　△　将来性　×

主な流れ

① 店舗で革靴を買う → ② リペア（簡単な修理）→ ③ メルカリやヤフオクで販売 → ④ 梱包・発送

(23) 仕入れノウハウ③ Amazon ダメージ転売

▶ 購入者が返品した新品、未使用品を仕入れる

　Amazonでは購入者が商品を返品するケースが多くあります。それらをAmazonでは「ダメージ商品」として扱っていますが、返品の理由は外装の不具合やサイズ違いなどによるもので、**ほとんどは新品、未使用品です。**

　「Amazonダメージ転売」では、商品としては問題のないダメージ品を定価の35%で仕入れるのがポイント。糸のほつれなど商品の不備がないかを確認して、メルカリで定価の65〜75%で販売するのが基本の流れです。

▶ リサーチ不要で仕入れることができる

　Amazonダメージ品を扱える会社は日本で8社しかありません。私の会社はそのうちの1社と取引しており、商品を仕入れることができます。この方法に興味のある方は、ぜひ本書巻末にある公式ラインよりお問い合わせください。

　このノウハウのポイントは、すでに1回売れたものを仕入れるという点になります。これは市場におけるその商品の需要が高い

ことを意味しています。そのため、Amazon ダメージ転売では事前にリサーチする作業も必要ありません。

仕入れる商品に限りがあるのではないかと思う方がいるかもしれませんが、Amazon は世界規模の会社です。ダメージ品は毎日のように発生しているので、その点も心配要りません。

Amazon ダメージ転売まとめ

難易度 低
仕入先 独自ルート
販売先 メルカリ
仕入資金 6.5万円〜
利益率 30〜50%
利　益 ○　再現性 ◎　即効性 ○　継続性 △　将来性 △

主な流れ
① Amazonダメージ品を仕入れる → ② メルカリで販売 → ③ 梱包・発送

24 仕入れノウハウ④ タイ仕入れ古着転売

▶ 日本の古着の多くはタイから仕入れている

　一般的にあまり知られていませんが、日本で扱っている古着の多くはタイから仕入れています。首都のバンコクは交通のアクセスが良いため、世界中のバイヤーが集まりやすく、大きな古着市場を形成しています。

　とくに最大手の会社はアメリカを中心に世界中に社員を派遣して巨大倉庫に古着を展開。月の売り上げは数十億レベルを誇り、そのうち最大の取引先は日本で、全体の35％を占めています。

▶ 回収業者から直接安く仕入れる

「タイ仕入れ古着転売」では、タイの大手卸業者から古着を仕入れます。取り扱うブランドはカーハートやザ・ノース・フェイスといったアメリカ系のメーカーが中心。個人では発注できませんが、独自ルートを開拓した私の会社から発注して、現地にいる転売パートナーが売れる商品を選定してくれる仕組みになっています。

　通常、メーカーから消費者に届くまでには卸業者や販売店を経なければなりませんが、**本ノウハウでは回収業者から直接仕入れ**

られるため、金額をかなり抑えられるのがポイントです。

　海外というとハードルが高いと感じるかもしれませんが、**タイに実際に訪れる必要はありませんし、現地の事情に詳しくなくても大丈夫です。**

　利益率は30〜60％で、仕入れ単価は1000〜2500円。月に仕入れる量にもよりますが、かなり魅力的なノウハウと言えるでしょう。

タイ仕入れ古着転売まとめ

難易度	低
仕入先	タイの卸業者
販売先	メルカリ
仕入資金	6万円〜
利益率	30〜60％
利　益	○　再現性◎　即効性○　継続性△　将来性△

主な流れ

❶ 日本の仲介会社を通じてタイの卸売り業者から古着を仕入れ → ❷ メルカリで販売 → ❸ 梱包・発送

25 仕入れノウハウ⑤ 古着・アパレル転売

▶ メルカリで最も需要の高いジャンル

　古着・アパレル転売は、メンズの古着、靴、カバン、小物を、中古店舗で仕入れてメルカリに出品する方法です。

　すでに述べた通り、メルカリの取引における人気アイテムは男性、女性ともに「ファッション」です。ここでメンズに限定する理由は、レディースものは生地が弱く、デザインがどれも似通っているためです。

　仕入れ先は、「セカンドストリート」、「オフハウス」、「ドンドンダウン」など、アパレル系の古着を扱っているチェーン店が中心です。ブランドは、「アディダス」「ポール・スミス」「ポロ」「ラル　フローレン」などが中心で、高額のハイブランドは取り扱いません。

▶ 月利100万円を稼ぐ転売者も少なくない

　必要なスキルは、メーカーや売れ筋商品についての知識です。ただし、もし知識がなくても本書では丁寧にノウハウを説明しているので、初心者からでも取り組めます。

　作業時間は1日3〜4時間程度。仕入れ資金はおよそ15〜20

万円。平均利益率は50%です。アパレル業界が潰れることはないので、将来性があるノウハウです。**事業として構築できれば、月利100万円を稼ぐことも夢ではありません。**

　古着、アパレル転売は、本書の「初月から10万円を稼ぐ」の核となっている転売メソッドです。詳細は4章で解説しています。

古着・アパレル転売まとめ

難易度	中
仕入先	店舗
販売先	メルカリ、ヤフオク
仕入資金	15万〜20万円
利益率	50〜80%
利　益 ◎　再現性 ○　即効性 △　継続性 △　将来性 ○	

主な流れ

① 店舗で古着などを購入する → ② メルカリやヤフオクで販売 → ③ 梱包・発送

26 仕入れノウハウ⑥ ブランド品転売

▶ 売れ筋を的確に見極める目利きが必要

　古着・アパレル転売のノウハウを使いながら、扱う商品をハイブランドのアイテムに変更したものが、ブランド品転売です。そのため、仕入れ先や取り扱う商品ジャンルは、古着・アパレル転売と同じです。

　異なるのは取り扱いブランドで、一般的な知名度が高い「ルイ・ヴィトン」「グッチ」「バーバリー」「シャネル」などが中心です。

　ブランド品転売で成功するためには次の2点が重要になります。

①適切に売れるブランドを理解する
②偽物を仕入れない

　①では、ルイ・ヴィトンのモノグラム柄の商品は回転率が良く、ダミエ柄の一部のデザインは流通数が多いため、回転が悪いといったことを適切に理解する必要があります。

　②では一般的に目利きのポイントとして、たとえばバッグなら内ポケットの形状や縫い目、ファスナーやスナップボタンの刻印の形状・革の質感に大きな違いが挙げられます。ただし、ブランドによっても着眼点は変わってきますので、ある程度の経験が必要になります。

▶単価が高いので利益も大きい

　ブランド品転売のノウハウは、**利益率50％以上。1商品あたりの利益額が大きいので、月利100万円稼ぐことも可能です**。作業時間は1日3〜4時間程度必要になります。

　もしこのノウハウに取り組むとしたら、古着・アパレル転売の仕入れで中古店舗を訪れたときに、掘り出し物のブランド品があったら買い付けるぐらいの意識が良いと思います。

　偽物ブランド品を販売した場合、逮捕される可能性があるため、転売に自信がついてきた中級者〜上級者にオススメです。

ブランド品転売まとめ

- 難易度　中
- 仕入先　店舗
- 販売先　メルカリ、ヤフオク
- 仕入資金　15万〜20万円
- 利益率　50〜80％
- 利益 ◎　再現性 ○　即効性 △　継続性 △　将来性 ○

主な流れ

① 店舗でブランド品を購入する → ② メルカリやヤフオクで販売 → ③ 梱包・発送

3章　転売は仕入れに極意あり

103

27 仕入れノウハウ⑦ カメラ転売

▶ 値崩れしない一眼レフを扱う

カメラ転売は転売初心者に人気が高く、私が主宰する転売スクールでも実績者が多いノウハウです。**手堅く長く稼ぎたい、脱サラしたい、収入の柱を作りたい人に向いています。**

扱う商品は、一眼レフカメラです。

デジタルカメラ市場のほうが母数も大きいのに、なぜ今さら一眼レフなのか。それは、デジタルカメラは平均して4カ月に1回という高頻度でモデルチェンジがされているからです。家電や電化製品は、型落ちになるとすぐに値崩れする傾向があります。

また、最近はスマートフォンの普及によって、デジタルカメラの需要そのものが減っているのも大きな理由です。

一方、**一眼レフは10年前の機種が現役で使用されており、中古でも値崩れしづらいのが特徴です**。これは転売をする上で大きな強みとなります。

▶ 狙い目の安定市場

販売は一眼レフカメラ本体とレンズのセット売りが基本です。10年前に販売された機種でも需要があります。

仕入れ先はヤフオクのストアや実店舗です。カメラ自体は高額なものもあるため、仕入れ単価は安くても1万円からです。他のノウハウと比べて高くなりがちです。

　利益率は30〜40%です。生産数が年々縮小傾向にあるカメラは、嗜好性の高いジャンルであることから、転売を始める人も多い半面、すぐにやめてしまう人も多いのが現状です。いずれにしても、需要と供給がほぼ横ばい状態が続いており、**市場規模がこれ以上飽和することはないので、狙い目なノウハウであることは間違いありません。**

カメラ転売まとめ

難易度 中
仕入先 ヤフオクのストア、実店舗
販売先 メルカリ、ヤフオク
仕入資金 【カード枠】20万〜30万円　【現金】15万〜20万円
利益率 30〜40%
利益 ◎　再現性 ○　即効性 △　継続性 △　将来性 △

主な流れ

① ヤフオクのストア&実店舗で仕入れ → ② 出品（要撮影） → ③ 梱包・発送

㉘ 仕入れノウハウ⑧
100円仕入れ

▶ 平均利益率80%を誇る本書オリジナルノウハウ

「100円仕入れ」は、その名の通り **100円という超安値で、中古の服、カバン、靴、小物などを仕入れる本書独自のノウハウです。**

基本的な流れは、特殊ルートで手に入れてきた商品を、倉庫や事務所などある程度広さのある場所で商品選定。メルカリやヤフオクで出品します。

利益率は平均80%とかなり高めです。仕入れ額も1点100円なので300点仕入れても3万円しかかからず、利益額は10万円ほど。600〜800点仕入れると、利益は40万円ほどです。3カ月以内に、月利20万円は確実に目指せます。

ただし、業者が運んできた1000点以上の商品から売れるアイテムを見つけるのに、それなりの労力がかかります。また、このノウハウの性質から特定の地方に住んでいる方しか利用できないのも弱点です。

▶ 1日3〜4時間で月10万円

一方で、100円仕入れの大きなメリットは、本書の目標額である利益10万円を1日3〜4時間ぐらい、300出品で目指せること

です。再現性が高く、転売に不慣れな状態でも、まず確実に利益が見込めます。とくに私の特殊ルートでは、状態の良い商品をコンスタントに仕入れできますので、気になる方は巻末の公式ラインまでご連絡下さい。

100円仕入れまとめ

- 難易度 中
- 仕入先 独自ルート
- 販売先 メルカリ、ヤフオク
- 仕入資金 5〜10万円
- 利益率 80%
- 利　　益 ◎　再現性 ○　即効性 △　継続性 △　将来性 △

主な流れ

29 仕入れノウハウ⑨ 中国輸入（メルカリ出品）

▶ 単価が安いノーブランド品を仕入れる

　中国輸入とは、中国から商品を輸入してメルカリ、もしくはAmazon に出品する方法です。基本的な流れは、**メルカリで売れている中国輸入商品を見つけて、中国の卸サイトであるアリババやタオバオから商品を輸入。そしてメルカリで販売します。**「中国語ができないと難しいのでは？」と思うかもしれませんが、自分で直接輸入するのではなく、代行業者に日本語で依頼することになるので、心配する必要はありません。

　扱う商品は、スマホケースやアクセサリー、アパレルなど小さくて壊れにくいものを中心に選びます。中国では単価が安いノーブランド品が多く作られているので、多彩なラインナップの中から選定できます。なお、大きい商品は送料がかかり、高単価になりやすいので、オススメしません。

▶ ライバルセラーが多く値崩れしやすい

　このノウハウは転売者の中で広く知れ渡っていることからライバルセラーが多く、メルカリで値崩れしやすいという欠点を持ちます。上手くリサーチして差別化できれば利益率も大きくなりますが、転売初心者が最初から上手くいくことは少ないでしょう。

もし挑戦する場合は、Amazonで売れ残った商品をメルカリに出品しているセラーも多いので、**価格競争が起こりやすいという前提を理解して取り組むべきです。**

　また、商品の保管から配送までを代行してくれる「Amazon FBA」などを利用して、仕入れたものを直接自宅や購入者に送ることができればいいのですが、輸入物流の関係から基本的に直送はできない仕組みとなっています。

　とはいえ、メルカリでは中国輸入商品は売れ筋として、たくさん販売されています。月利50万円以上出すのも可能なノウハウになるので、違う転売で利益を出したい方は挑戦してみてもいいかもしれません。

中国輸入（メルカリ出品）

難易度	中
仕入先	アリババ、タオバオ
販売先	メルカリ
仕入資金	5万〜10万円
利益率	30〜40%
利益	◎　再現性 ○　即効性 △　継続性 △　将来性 △

|主な流れ|

❶ アリババやタオバオから輸入 → ❷ メルカリで販売 → ❸ 梱包・発送

㉚ 仕入れノウハウ⑩ 楽天ポイントせどり

▶ リスクなく利益を出せる

　せどりとは、物を安く仕入れて高く売る行為のことで、転売と同じ意味になります。「楽天ポイントせどり」では、楽天で商品を買ったときに付与されるポイントを利用します。

　まず、楽天は100円で1ポイントが貯まり、1ポイント＝1円で使うことができます。楽天市場で楽天カードを使えばポイントが倍になるので、他のECサイトと比較すると、ポイントが貯まりやすいのが特徴です。

　本ノウハウでは、このポイントを最大16倍にまで高める方法を使用。効率良くポイントを得て、転売していく手法を取ります。貯めたポイントは楽天市場だけでなく、他の楽天系列のサービスでも使うことができます。

　仕入れによるリスクは基本的にありません。たとえば、販売価格1000円で160ポイントを付与される商品を仕入れたとします。別のプラットフォームで原価そのままの1000円で転売したとしても、ポイント分は利益として残ります。

　これは極端な例ですが、**転売時に原価を割らない限り、損をすることはありません。**

110

▶忙しい人でもチャレンジできる

　楽天ポイントせどりは、出品先にAmazonを選定します。「Amazon FBA」を利用すると、商品が売れたら、自動で梱包・発送してくれるので、作業の手間を省くことができます。そのため、**楽天ポイントせどりの作業時間は1カ月で7時間程度**。非常に少ない時間で、目標を十分達成することができるのが、大きな魅力です。稼げる額には上限がありますが、時間効率が良いので、本業が忙しくて、ちょっとだけ稼ぎたい人向きです。

　コツは、ポイント還元率が高く、Amazonでも売れやすい商品を選定することですが、膨大な商品の中から条件に合致するアイテムを選定するのが難しいところ。私が主宰する転売スクールでは、オススメ商品のURLを皆さんにお送りしています。気になる方は巻末の公式ラインまでご連絡ください。

楽天ポイントせどりまとめ

難易度 低
仕入先 楽天
販売先 Amazon FBA
仕入資金 50万円
利益率 10%
利益 △　再現性 ◎　即効性 ◎　継続性 ×　将来性 ×

主な流れ
① 講師がおすすめ商品のURLを送る → ② 楽天市場で購入・仕入れ → ③ Amazon FBAに納品 → ④ 売れたらAmazonが自動梱包・自動発送

31 仕入れノウハウ⑪ バイマ無在庫転売

▶ 海外と国内の価格差を利用して仕入れる

　バイマは、エニグモが提供している EC サイト＆アプリです。ハイブランド品を中心に取り扱っているのが特徴で、バイマ無在庫転売とはそのプラットフォームを利用した転売手法のことです。

　無在庫転売とは手元に商品がない状態でネット上に出品、売れてから仕入れる、いわゆる「空売り」のような商法です。一般的に無在庫出品を禁止しているサイトやアプリが多いのですが、バイマは 15 年以上の運営歴を誇る歴史のあるプラットフォームで、無在庫出品を公式に認めている稀有なサイトです。

　バイマ無在庫転売では、**海外の正規店やセレクトショップから商品を購入して仕入れます。**

　知らない人も多いかもしれませんが、日本のブランド品の価格は世界的に見て非常に高額です。たとえば、ルイ・ヴィトンの日本公式サイトからフランス本国のサイトへと切り替えてみると、**全ての商品が平均して 13 ～ 15% ほど安くなっています。**

　そこで、本ノウハウではアジア圏とヨーロッパ圏で値段が違う、人気の商品をリサーチ。目星をつけたら、その商品をバイマで出品。購入されたら、海外から仕入れるのが基本的な流れです。

▶多くのブランド品は海外で買ったほうがお得

仕入れる商品は、**ユーロ圏ならルイ・ヴィトンやグッチ、エルメス。アメリカならティファニー、マイケルコース、ケイト・スペード ニューヨーク、クロムハーツが狙い目**。ブルガリやカルティエなどは日本の販売店のほうがフランス本国よりも安い場合がありますが、これはあくまでイレギュラーとして考えてください。

また、「シュプリーム ルイ・ヴィトン」など在庫が少ないレアな商品は、価格が高騰します。海外で見つけたときはすぐに購入するのが良いのですが、競合が多くて購入制限などもかかります。

さらに、無在庫転売という性質上、どうしても大量の出品が必要になります。ハイブランドの商品は高額であるため資金力が必要になることにも注意してください。

バイマ無在庫転売まとめ

難易度	中
仕入先	海外正規店、海外セレクトショップ、一部国内店舗
販売先	バイマ
仕入資金	70万〜100万円
利益率	10%

利益 ○ 再現性 △ 即効性 × 継続性 ○ 将来性 ◎

主な流れ

① 海外サイトに掲載している商品を出品 → ② 売れたら買い付け → ③ 現地のパートナーさんに在庫確認 → ④ 仕入れ → ⑤ 発送

32 仕入れノウハウ⑫中国輸入 (Amazon出品ODM、OEM)

▶ ロゴやデザインを変えて販売するODM

　ここまで紹介した仕入れ方法は、すでに市場に出回っている商品を転売する方法でした。一方で、中国から仕入れる「OEM」と「ODM」の2種類は、独自の付加価値を作ってオリジナルの商品を売る手法です。

図3-2　ODMとOEMのイメージ

ODM
(Original Design Manufacturing)
設計・開発・デザイン・生産

OEM
(Original Equipment Manufacturing)
オリジナル製品の製造業者

「ODM（設計・開発　デザイン・生産）」は、既存の商品のロゴやデザインを変えるなど、マイナーチェンジをして独自性を出した商品を展開する方法のことです。 後で説明する OEM よりもコストが少なく簡単に製造できます。差別化が難しいため、ターゲット層に訴求できるアイデアが重要になります。

▶ オリジナルの商品を作って展開するOEM

　「OEM（受注製造）」は、ODM の発展版です。**これは工場にオ**

リジナル商品を発注して展開する方法です。つまり、一般のメーカーが実施しているビジネスと変わりません。

トータルコストはかなり大きいですが、一発当たれば高利益になります。私の転売スクールの生徒さんの中にも、OEMにチャレンジしている方がいます。その方は月利70万円稼いでいますが、トータルコストは600万円もかかりました。最初から取り組むのはかなり高リスクであることを理解しておきましょう。

ODMとOEMは中国の工場に発注するという点は共通していますが、前払いが基本となり、発注から納品まで平均2〜3カ月はかかります。すぐに費用を回収できないので、即効性はありません。

いずれもただ仕入れて転売するのではなく、付加価値を付けて販売するのが特徴です。 事業化を視野に入れている方にチャレンジしていただきたい分野です。

中国輸入（Amazon出品ODM,OEM）まとめ

33 仕入れノウハウ⑬
eBay 輸出

▶ 世界的に有名な海外オークションサイト

世界中で約 1.6 億人の利用者を有するアメリカの EC サービス「eBay」。その巨大なオークションサイトを利用して輸出販売するノウハウが、「eBay 輸出」になります。

出品する商品は、主にカメラやフィギュアが中心です。eBay では商品が売れて、相手が受け取った時点で入金されます。商品が届いていないのに入金されることはありません。

購入者は基本的に海外の方なので、輸送および商品到着のタイムラグが発生することで、キャッシュフローの効率は悪くなります。

さらに、新規アカウントは 10 個の商品（トータル 500 ドル）までしか出品できないという厄介な制限が設けられています。**上限を上げるためには、「リミットアップ」という交渉を、1 カ月に 1 回、運営側と英語で交渉しなければなりません。**この交渉が成功すれば、販売額の上限が高くなります。

▶ 中級から上級者向けのノウハウ

即効性が悪くてハードルは非常に高いですが、その分、利益率はとても高いです。

ただ、リミットアップをしないと販売上限が上がらないためにまとまった利益が出るのは早くても3カ月後からとなります。

　転売を極めるには、いずれは輸出が重要になってくるので、国内の商品や輸入した商品をしっかり販売できるようになってからチャレンジしてほしいノウハウです。

eBay輸出まとめ

難易度 高
仕入先 ヤフオクのストア、実店舗
販売先 eBay
仕入資金 100万〜150万円
利益率 30〜40%
利　益 ◎　再現性 ×　即効性 ×　継続性 ○　将来性 ○

主な流れ

❶ ヤフオクのストア＆実店舗で仕入れ → ❷ eBayで販売 → ❸ 梱包・発送

34 仕入れノウハウ⑭ 貿易（独占販売）

▶ 海外の展示会に足を運んで仕入れる

　最も難易度が高いノウハウのひとつが、「貿易（独占販売）」です。

　仕入れ方法は海外からの買い付けです。香港、ドイツ、ラスベガスなどの大都市では、メーカーの展示会がよく開催されています。そこにはベンチャーから大手まで様々なメーカーが出展し、他では見ないような物珍しい商品を目にすることができます。

　貿易系ノウハウでは、まずこの展示会に足を運び、まだ日本の市場に入ってきていないような珍しい商品を見つけます。

　これまでに培ってきた販売実績を武器に「これは売れるな」と感じた商品を選んで、出展社と交渉を行います。そして独占交渉権を得られるように話をまとめれば大成功。仕入れをして国内の実店舗に置いてもらうよう、今度は国内の小売企業を相手に交渉します。

▶ 物販ビジネスの最終目標

　このノウハウはネット系のビジネスというよりは、リアルビジネスに近いです。成功すれば、売り上げは億単位にも上ります。

　ただ、資金力や海外の会社と取引ができることが前提となり、規

模の大きな展開になるので、**成功するには日頃のマーケティングや流行を読み取る力が必要になります**。物販ビジネスの最終目標として押さえておきましょう。

貿易系まとめ

- 難易度 高
- 仕入先 展示会などでメーカーと直接交渉
- 販売先 実店舗、インターネット
- 仕入資金 100万〜200万円
- 利益率 30〜50%
- 利益 ◎ 再現性 × 即効性 × 継続性 ◎ 将来性 ◎

主な流れ

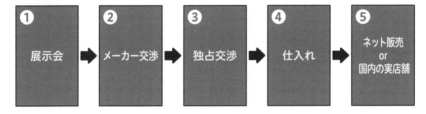

① 展示会 → ② メーカー交渉 → ③ 独占交渉 → ④ 仕入れ → ⑤ ネット販売 or 国内の実店舗

3章 転売は仕入れに極意あり

㉟ 仕入れノウハウ番外編 ノーリスク中国輸入

▶ 仕入金額は驚異の0円！

　ノーリスク中国輸入とは、「安く仕入れて、高く売る」という転売の鉄則を極限にまで高めて、中国輸入商品を0円に近い金額で仕入れるノウハウです。

　0円近くで仕入れるために利益率は70%と他のノウハウでは実現できない数字を誇っています。 このノウハウ以上に再現性が高く、即効性のあるノウハウを私は見たことがありません。具体的な仕組みに関しては本書では書ききれないので、ご興味のある方は私の公式ラインまでご連絡いただければと思います。

ノーリスク中国輸入まとめ

難易度	低
仕入先	中国業者
販売先	メルカリ
仕入資金	20万円
利益率	70%

利益	再現性	即効性	継続性	将来性
○	◎	○	△	△

1日3時間の作業で本業よりも稼いだDさん

■ 年齢	31歳
■ 現住所	徳島
■ 家族	夫（27）
■ 現在の職業	講師業、コンサルタント、会社経営
■ 前職	カメラマン
■ 当時の月収	14万円（手取り12万円）
■ 現在の売上	月商200万円
■ ビジネス歴	3年3カ月

● 他の副業で挫折するなか転売に出会う

　当時の月収は14万円（手取り12万円）、夫の月収は20万円でした。切り詰めて生活はできましたが、旅行に行く余裕はなかったです。それどころか、お互い休みが合わなかったので顔を合わせる機会が少なかったのは辛かったです。
　先の見えない将来に悩んでいて、これ以上お金の心配をしたくなかったこともあって、副業を始めました。
　最初にやってみたのが、芸能系ブログのアフィリエイトです。ブログサイトも、Word Pressを使って自分で作りました。私は話すのが苦手だったので、文字を書いてお金になればいいなと思って始めました。

1日5記事を目標にしていたのですが、仕事をしているとどうしても作業時間の確保がしづらく、モチベーションも保てなかったので挫折してしまいました。

　失敗を経験して、改めて初心者の自分でもできそうな副業をやってみようといろいろ調べた結果、転売に辿り着きました。YouTubeにはさまざまな転売のノウハウ動画が投稿されていて、利益を得るまでの一連の流れが非常にイメージしやすかったので、これなら自分でもできそうだなと思いました。

⬢ 1日4時間程度で本業よりも稼ぐ

　その後、縁あって森さんの経営するスクールで転売を学びました。最初に実践したのは、メルカリを使った転売です。作業時間は1日3時間くらい。朝10時～夜7時までは仕事、帰宅して夜10時～深夜2時頃まで作業していました。

　その結果、初月から10万円を稼ぐことができたのには驚きました。慣れれば、会社で働いている時間よりも圧倒的に少ない時間で、給料と同じくらい稼げます。量をこなせば初心者でも実績が出るのだなと感動した覚えがあります。

　ただ、その頃の値付けや配送方法の選定は思いつきで決めていました。利益を上げるためにはきちんと考え流必要があったので、ビジネス視点にフォーカスするまでは時間がかかりました。

　スクールで学んだおかげで、困ったときには実践者に教えてもらうことができたのは私の人生の糧となっています。現在の月商は200万円。誰しも最初は何が正しいかわからないので、やはり実践者に教えてもらったほうが絶対に近道です。

4章

古着・アパレル転売で月10万円を稼ぐ

36 月10万円のための第一歩

▶ 見栄えのいい備品を用意する

　本書のテーマである「1カ月で10万円を稼ぐ」ためには、1つのノウハウに集中することが大切です。3章で紹介したノウハウならどれでも可能ですが、本章では読者の方が確実に実現できるために、**時間効率に優れている**「**古着転売・アパレル**」**に特化して**ご紹介します。

図4-1　古着・アパレル転売の流れ

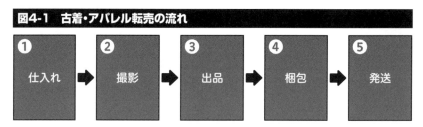

　では、本格的に開始する前に、本ノウハウに必要なものを用意していきましょう。原則として、アパレル・古着転売では見栄えが良く、お洒落な備品を選ぶことを心がけてください。
　メルカリのアカウントは、インターネット上の自分のお店のようなもの。備品＝自分の店のイメージにつながります。適当に選ぶと、売り上げに影響が出ます。

▶ 壁での撮影に必要な備品

　古着・アパレル転売に出品する商品の撮影では、**壁にかける場合と床に置く場合の２パターンに分かれます**。それぞれで必要なものが異なります。下記では具体的なオススメ商品を挙げたので、参考にしてみてください。

■ハンガー
　プラスチックハンガーや針金ハンガーなど、安っぽく見えるものは避けましょう。イチオシは、肩が飛び出ない形状で見た目もシンプルな無印良品のハンガーです。どのアイテムにも合わせやすいので重宝します。

無印良品／アルミ洗濯用ハンガー・肩ひもタイプ・３本組
参考価格（税込）：350円

■パンツハンガー
　パンツ＆スカート専用のハンガーです。木製の素材を選ぶとクラシカルで落ち着いた雰囲気が出ます。自分のアカウントのイメージも考慮し、お好みに合わせて選択しましょう。

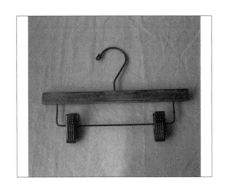

LOTUS ／パンツハンガー L サイズ
参考価格（税込）：660 円

■フック

　ハンガーをかけるためのフックです。自宅になければ用意してください。オススメは、石膏ボードの壁であれば、簡単に付けられる無印良品のタイプ。壁に穴を空けたくない人は、100 円ショップで販売されているシールタイプのフックでも代用できます。

無印良品／壁に付けられる家具・フック・オーク材
参考価格（税込）：790 円

■壁紙

　壁紙はウッド調やグレー色を選ぶと、どの色の商品も見映えが良くなります。オススメは、シワが付きにくく剥がれにくいニトリの壁紙です。100 円ショップの壁紙は小物などを撮影するなら

大丈夫ですが、空気が入って気泡になりやすい上、剥がれやすいのが難点です。なお、壁紙を使った撮影スペースを取れない人は、白い壁や床で撮影するようにしましょう。

貼ってはがせる 壁紙シール PETAPA VW-05 ビンテージウッド ホワイトウッド 50×250cm
参考価格（税込）：1490 円

■ライト

室内での写真撮影時はどうしても暗くなることが多いため、明るさを加えることができるライトが必須です。

YouTuber 御用達の YONGNUO YN600L なら、明るさの調節が細かくできて、サイズもコンパクトです。資金的に厳しい場合は、光量は弱めですがコンパクトで持ち運びしやすい Hikari の製品、オーム電機のデスクライトなどが代替製品としてオススメです。

YONGNUO ／ YN600L LEDビデオライト
参考価格（税込）：1万2899円

■三脚

上記でご紹介したライト「YN600L」を固定するための製品です。リサイクルショップでも販売されていますが、雲台が紛失・破損した商品もたまに見受けられるので、必ず確認してから購入しましょう。

HAKUBA ／ Amazon.co.jp 限定
HAKUBA W-312 ブラック エディション
参考価格（税込）：2000円

■撮影用のカメラ

高額なカメラを用意しなくても、カメラ機能のついたスマートフォンで十分です。比較的新しい機種であれば、きれいに撮影できます。

▶ 床での撮影に必要な備品

ライト、三脚、カメラは壁を使った撮影と同じものをご用意ください。

■布

床にそのまま置いて撮影すると見栄えが良くないので、背景として使う、白もしくは黒色の布を用意しましょう。

素材はポリエステル製であればシワになりにくいです。また、小さな柄物のラグマットも持っておくと、おしゃれに見せたいときに便利です。カラーは商品が引き立つ定番のオフホワイトとグレーをチョイス。デニムなどを撮影するときのために、長さは最低でも1m以上必要です。

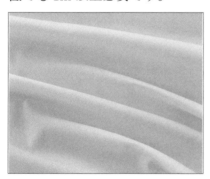

背景布 白 撮影用 ポリエステル サイズ 150×300cm
参考価格（税込）：1790円

■宅配ビニール

　商品を中に入れて、そのまま発送できる便利なアイテム。コストも安いです。サイズは、小、中、特大の3種類。商品の大きさに合わせて最適なものを選択しましょう。

宅配ビニール袋
参考価格（税込）：
小サイズ 100 枚入り／ 1280 円
中サイズ 100 枚入り／ 1930 円
特大サイズ 100 枚入り／ 2580 円

■封筒

　宅配ビニールより簡易な梱包アイテムです。右記の3つのサイズがあれば困りません。ただし、商品をそのまま入れてしまうと、破れたり、雨に濡れたりする可能性があります。商品をビニール袋に入れてから、封筒に入れる二段構えの梱包が基本です。

ワンタッチ事務用封筒
参考価格（税込）：
B5 サイズ 100 枚入り／ 760 円
A4 サイズ 100 枚入り／ 1200 円
B4 サイズ 100 枚入り／ 2660 円

■セロテープ

100円ショップで販売されている製品でOKです。ただし、小さいサイズだと詰め替えに対応していない場合があるので、大きめのセロテープを選びましょう。

■ガムテープ

クラフトタイプと布タイプの2種類があります。価格は少し高いですが、破りやすく重ね貼りしやすい布タイプが使いやすいです。

■エアーキャップ

革靴などの傷付きやすいものを扱うときのために使用。いわゆる「プチプチ」です。ホームセンターなどで販売されています。なお、長さや幅によって金額が変わります。

■その他

メジャー、毛玉取り、裁縫セットを用意します。100円ショップで販売されているもので問題ありません。

▶ 古着・アパレル転売に役立つアプリ

古着・アパレル転売でポイントとなるのは、市場を見極めるリサーチと商品の見映えをよくする撮影です。この2つの工程で役立つ3つのアプリを下記にピックアップしました。QRコードも載せていますので、ぜひ利用してください。

■ Photo
写真の文字入れに特化したアプリです。

| iPhone | Android |

■ Instagram
写真専門の人気SNSで、多くの芸能人・有名人がアカウントを持っています。有名人が着用したアイテムは話題になりやすいので、メインのリサーチツールとして優秀です。

| iPhone | Android |

■ WEAR
ファッション専用のSNSアプリ。モデルやショップ店員などがコーディネートを投稿しています。タップすると投稿者が着用しているアイテムのブランド名が出てくるので、仕入れる際のマーケティングツールとして役立ちます。

| iPhone | Android |

▶ 仕入にオススメな店舗

　以下は、アパレル転売の仕入れの役に立つ店舗の一覧です。主に全国展開しているチェーン店を厳選しているので、地方、大都市を問わずに参考になるはずです。まずは、お近くにどのような店舗があるかを Google マップアプリやロケスマで検索して把握しておきましょう。

　初めて行く店舗は、お気に入りリストに保存しておけば、次回から検索の手間を省くことができます。

　■ロケスマ

チェーン店の検索サービス。お店の位置を地図上に表示してくれるので、仕入れの際に役に立ちます。PC ／スマートフォン／タブレットいずれのブラウザでもすぐに利用できます。

　■セカンドストリート／ジャンブルストア

　古着を中心に、ハイブランド品から家具家電まで、幅広く中古品買取と販売を展開。全国に 500 以上の店舗を構えており、オンラインストアでも利用することができます。

　■トレジャーファクトリー

　中古の家具・家電から洋服、スポーツ・アウトドア用品など数多くの商品の販売と買取を実施。検品体制を整えており、品質の高さに定評があります。

■ブックオフ スーパーバザー

メンズ、レディース、子ども用品を中心に楽器、生活雑貨まで幅広いアイテムを取り揃えています。店舗によっては数十万点に上る商品が並んでいることもあります。

■バズストア

ブランド古着の買取＆通販を実施。グッチなどの一流ブランドをはじめ、DCブランドやファストファッションブランドも取り扱っています。古着店業界で急成長しているサイトです。

■キングファミリー

衣類、服飾雑貨のリサイクルショップです。一度に大量に仕入れる独自のシステムを導入。訪れるたびに新しい商品に出合うことができます。

■良品買館

買取を専門としたリサイクルショップ。中古家具や貴金属、ブランド品の店頭買取はもちろん、出張査定による一括買取も行っています。

■リサイクルマート

家具、家電、衣料品など幅広いジャンルのアイテムを揃えています。品物をジャンル別にわかりやすく陳列しているため、簡単に商品を見つけやすいのも特徴。

■KINJI

流行発信地の東京・原宿にある古着ショップ。若者からの反応が良い、掘り出しものが見つかることが多いです。

■カインドオル

全国に41の店舗を展開する古着ショップ。ブランド品を主に扱っており、状態の良い中古品をリーズナブルな価格で購入可能。

■iタウンページ

日本全国のお店を探せる検索サイトです。住所や業種のキーワードのほか、駅・スポットや地図からも検索できます。スマホやタブレットにも対応。

㊲ 月10万円のための「リサーチ」

▶ 押さえておきたい2つのポイント

　古着・アパレル転売を始めるにあたって、初心者の方はどういった条件に当てはまる商品を仕入れれば良いのか、わからないと思います。

　繰り返し伝えていますが、適当に商品を選んではいけません。まずはメルカリアプリ上で次の2点をリサーチしましょう。

　①売れている商品をチェック
　②今出品されている商品の把握

　商品を手に取ったときも、必ず上記の2点はチェックするようにします。

▶ 売上率の高い商品をチェックする

　事前にメルカリの売り切れ検索（詳細は58ページ参照）で、**販売数と売上数をチェック。どれくらいの割合で売れているのかを調べます。**

　たとえば、その商品が1週間以内に100出品されていたとします。その商品の成約数が50品か1品かでは、当然ながら期待でき

る売上数は異なります。

　売上数の少ない商品ほど、回転率は悪くなります。これを防ぐ
ためにも、売り切れ検索を駆使して分析していくことが大切とい
うわけです。

　ちなみに、リサーチ検索にはこの他にも、素材や服の形、服の
柄、同じ商品などにフォーカスした様々なテクニックがあります。
各検索方法の詳細は私のオンライン講座でも解説しているので、
気になる方はぜひチェックしてみてください。

4章｜古着・アパレル転売で月10万円を稼ぐ

38 月10万円のための「商品選び」

▶ デザイン別に仕入れポイントをチェック

ある程度市場の流れがわかったら、実際に店舗に行って仕入れを行います。商品を選ぶポイントは、もちろんデザインです。古着・アパレル転売では3種類のデザイン別に商品選びをしていきましょう。

①無地

無地の商品は比較的安く仕入れることができますが、販売単価が安くなる上、ライバルセラーも多いのでそこまで回転率も良くありません。例外として、**ハイブランドで状態が良いものであれば仕入れてもOK**です。

②ワンポイントのデザイン

ポロやトミーヒルフィガーのように、シンプルなデザインの中にワンポイントとしてブランドロゴが配置されているアイテムです。**単価が安い傾向にあり、仕入れ額を抑えられるメリットがあります**。ただ、ライバルセラーも多いので、売れ筋の商品をしっかりリサーチしておくことが大切です。

③柄物や奇抜なデザイン

ボーダーやストライプなど、オーソドックスな柄物はブランドやデザインによって判断が変わります。珍しい柄であれば、比較的売れやすい傾向にあります。また、異素材をつなぎ合わせた個性的な商品は、メルカリユーザーの中心である若い世代からの反応が良いです。

もし迷ったら、**派手であること、限定品やレアアイテムであること、ブランドロゴの有無を確認して仕入れるようにしましょう。**

▶ 有名ブランドでも品質が悪いものはNG

「有名な靴だから」、「人気のあるキャップ」だからといって、知名度の高い商品を仕入れる人も多いと思います。

しかし、**実は有名ブランドだからといって売れるとは限りません。**一般的には有名でも品質が悪いメーカーのものは売れません。ブランドを基準に選ぶ場合は下記をご参考にしてください。

図4-2　仕入れブランド一覧表

仕入れにおすすめのブランド

ZARA、トミーヒルフィガー、ナイキ、アディダス、カステルバジャック、ポロ、ラルフ ローレン、バックチャンネル、ウノ ピュ ウノ ウヴァーレ トレ、WJK、AKM、ヒステリックグラマー、TMT、ヴィヴィアン・ウェストウッド、イッセイミヤケ、Y-3、マルタン・マルジェラ、ポール・スミス、バーバリー、トゥモローランド、ブルックス ブラザーズ、その他ハイブランド

仕入れを推奨しないメーカー

ユニクロなどのファストブランド（コラボ物、限定品などは除く）

39 月10万円のための「状態チェック」

▶ リペアに時間とお金がかかるものはNG

仕入れたい商品が見つかったら、次にすべきことは2つ。**市場価格のリサーチと商品状態のチェックです。**

前者は「仕入れ金額は安く、販売価格は高く」の鉄則を守るために、**商品を転売したときの想定価格を調べます**（62ページ参照）。その上で仕入れ価格と販売価格の差額を見て、仕入れます。

後者は、アパレル製品の仕入れでは重要となるポイントです。新品に近い状態のものであればベストですが、**多少汚れや傷があっても、リカバリーが可能であれば仕入れてOKです。**
逆に仕入れを避けるべきは、自分で直せないような状態になっている商品です。もし直せたとしても、費用対効果に見合ったものかどうかも考えることが大事です。

▶ 仕入れてもいい商品、ダメな商品

どんな商品が仕入れてもいいものか、避けるべきものなのか、次ページのチェック項目を参考にしてください。

図4-3　仕入れチェック項目

◆仕入れても良い状態
○ボタン取れ

○ほつれ

○シミ、汚れ（※ブランドや程度にもよる）

◆仕入れが難しい状態
×色焼け／日焼け／変色…主に肩やお腹部分が重要

×ジップの壊れ

◆程度にもよるが仕入れてもOK
△穴…引っかかり、虫食い

△破れ（裂け）…つなぎ目部分など

△伸び

◆傷があっても売れるもの
・古着、味のある色落ちが魅力のデニム

◆汚れなどがあると売れにくいもの
・スーツなど清涼感が必須なスタイル

㊵ 月10万円のための「撮影」

▶ トップスとボトムスの撮影

商品を仕入れたら、出品するために撮影を行います。ここでは基本となるトップスとボトムスの撮り方を解説します。

メルカリの商品写真は、アスペクト比1:1の正方形画角なので、撮影する際にはカメラのモードを合わせておくと、後からトリミング編集せずに済み、手間が省けます。

▶ 明るく撮影するのが鉄則

古着・アパレル転売に関係なく商品写真は、明るく撮影するのが鉄則です。事前にスマホのカメラで光量を調整して、きれいに撮れるように設定しておきましょう。なお、明るくしすぎると白飛びで素材感がなくなるので、やり過ぎには注意しましょう。

手順

まず、スマホのカメラアプリを起動。被写体にカメラを向けます。ピントを合わせたい箇所をタップすると、明るさを調整するバーが表示されます。明るさ調整バーを上方向にドラッグすると、ピントを合わせた箇所を中心に画面が明るくなります。

■トップスの撮影

【1枚目】カバー画像

デザインが映える向きを正面にします。着たイメージを想像できるように、全体の形状がわかるようにハンガーに吊るします。商品を画面いっぱいに撮影。

【2枚目】後ろの写真

服の形が崩れないようにしっかりと整えます。商品を画面いっぱいに撮影。

【3枚目】タグ部分

タグの部分をアップにして撮影。裏地に特徴があれば、模様やデザインがわかるようにアップにして撮影します。

【4枚目以降】

商品の特徴的な部分、襟回りや袖回り、スタッズなどをあしらった装飾など購入者が気になる部分を想定して撮ります。

■ボトムスの撮影

【1枚目】カバー画像

商品の正面と背面のどちらをメイン画像にするかを決めます。ジーンズの場合はヒゲ落ちと呼ばれる部分をメイン画像に設定します。

【2枚目】カバー画像

商品の特徴的な部分をアップにして撮影します。なるべくインパクトが出るようにして撮るのがポイントです。

【3枚目】後ろの全体

商品を画面いっぱいに撮影します。1枚目でフェイスを撮影した場合は、構図を合わせてください。

【4枚目】タグ

タグ部分をアップにして撮影します。

【5枚目以降】裾 など

裾直ししている場合は裾回りのアップを撮影。他に裏地などにも特徴があれば撮ります。

▶ ブランドロゴで反応を高める

　閲覧者が商品ページで最初にチェックするのは、1枚目の商品と価格です。そこで、**より多くの人に目立たせるために、ブランドロゴを写真に貼りましょう。**

　手順は、ブランドロゴの画像を、Webブラウザで検索。見つけたら保存します。次に、その写真を「Photo」などの写真編集アプリで商品写真に貼り付けます。ロゴが商品にかかると見づらくなるので、四隅のどこかに配置するようにしましょう。

　これだけで、閲覧者の反応アップを期待できます。

　ただし、この手法は2020年5月現在で通用しているものなので、随時著作権に関するニュース等をチェックしておきましょう。

ロゴを入れた商品画像

㊶ 月10万円のための 「商品説明」

▶ テンプレートを使って簡単作成

　商品ページに掲載する商品説明文を作成します。すでにお伝えした通り、説明文は1000文字まで入力できます。しかし、たくさん埋めれば良いというわけではありません。不必要な情報が盛り込まれていると、閲覧者は見る気をなくしてしまいます。

　ですから、入力するのはあくまで閲覧者が必要としている情報のみです。149ページに基本のテンプレートを掲載しました。空欄を埋めれば、そのまま使えるようになっているので、ぜひ活用してみてください。

　重要なのは、アパレルを売る上で必須となるカラーとサイズ情報を掲載すること。クレームを防止するために、商品説明で発送方法や品質についてのイクスキューズの文言を入れておくことも大切です。

古着・アパレル転売の商品説明テンプレート

ID.(自分のID)

■カラー/○○
（色は映りの具合などで多少の違いがあるかもしれませんがご了承
下さいませ）

■サイズ/
【平置き寸法】

肩幅 /○○㎝	ウエスト /○○㎝	裾幅 /○○㎝
着丈 /○○㎝	太もも /○○㎝	
身幅 /○○㎝	股上 /○○㎝	
袖丈 /○○㎝	股下 /○○㎝	

■商品説明

※落札後のクレームは対応しかねますのでしっかりとご理解した
上でのご購入をお願いいたします。
（こちらの不備などによる場合は返品対応をとらせていただきま
す）

※発送方法は定形外郵便などできるだけご希望の発送をいたしま
すので、ご希望がありましたらお気軽にお申し付けください。

※保管上または梱包でのシワはご容赦ください。

※確認は人間が行っているため、汚れ等の見落としはご容赦くださ
いませ。また、特に状態に敏感な方のご入札はお控えください。

※商品のデザイン、状態には主観を伴う表現及び受け止め方に個人
差がございます。

※不明な点がありましたらお気軽に、ご質問ください。

※他の場所にも出品していますのでどちらかで売れれば急遽出品
を中止させていただくことがありますのでご了承ください。

▶商品別サイズの測り方

商品サイズを自分で測る方法について、アイテムごとに下記に記しました。こちらも合わせて参考にしてください。

■トップス

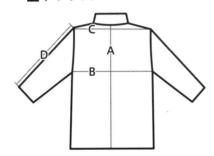

A：着丈　襟を含めず、襟ぐりの中央から裾までの長さ
B：身幅　両脇までの長さ（計測位置は脇の付け根になります）
C：肩幅　両肩の端から端までを直線で測った長さ
D：袖丈　肩先から袖口までを直線で測った長さ

■トップス（ラグラン袖など）

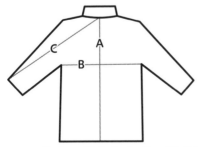

A：着丈　襟を含めず、襟ぐりの中央から裾までの長さ
B：身幅　両脇までの長さ（計測位置は脇の付け根になります）

C：桁丈　襟ぐりの中央から袖先までの長さ

■パンツ

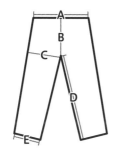

A：ウエスト　平置きにした状態で計測した寸法を2倍した長さ

B：股上　腰から前合わせを通って内股合わせまでの長さ

C：わたり　股付け根の太もも幅

D：股下　内股合わせから裾までの長さ

E：裾幅　裾の幅

42 月10万円のための「発送・梱包」

▶ 商品によって梱包サイズが変わる

　古着・アパレル転売で取り扱う商品は、サイズも形状もそれぞれ違います。そのため**梱包に使う資材も、商品によってサイズを変えなければいけません**。たとえば、Tシャツなどは小サイズ、冬物のスウェットは中サイズ、冬物のジャケットやパーカーなどは特大サイズの梱包となります（図4-4）。

図4-4　梱包サイズ

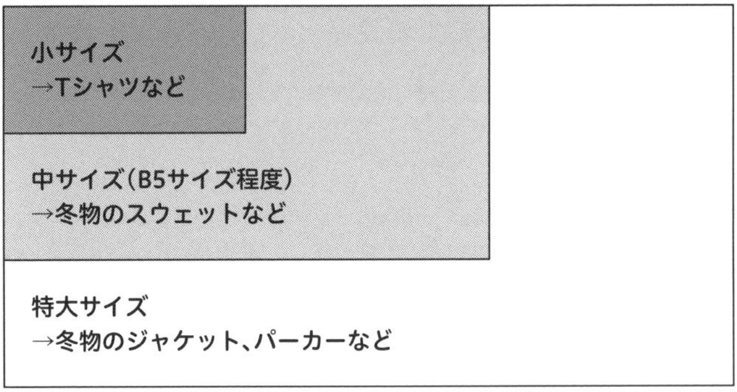

小サイズ
→Tシャツなど

中サイズ（B5サイズ程度）
→冬物のスウェットなど

特大サイズ
→冬物のジャケット、パーカーなど

　次ページから代表アイテム別に、サイズをできる限り抑えられる畳み方を見ていきます。

商品に合わせた梱包方法

図4-5　Tシャツ・半袖の梱包方法

❶ 背のほうを表にして広げ点線部分を折る

❷ 反対側も同様に点線部分で折る

❸ 裾のほうを持って点線部分で折る

❹ 裏返す

❺ 完成

　Tシャツ・半袖は畳んだ後に、小サイズの宅配ビニールに入れます。なお、ビニールに入らない場合は、手順③ではみ出した長さ分だけ折り畳んでから、点線部分を折り畳んでください。

図4-6　薄手のシャツの梱包方法

❶

❷

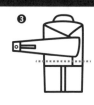

❸

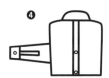

❹

❺

❻

薄手の長袖シャツは、図4-6のように畳めば、小サイズの宅配ビニールでも入ります。

図4-7　厚手のシャツの梱包方法

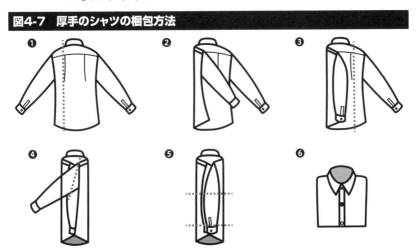

少し厚めのネルシャツは宅配ビニールに入りきらない可能性があります。図4-7の畳み方なら袖の厚みを均一にできます。それでも小サイズで入りきらない場合は、中サイズの宅配ビニール、宅急便コンパクト、B4サイズ封筒のいずれかに変更しましょう。

図4-8　スウェット系の梱包方法

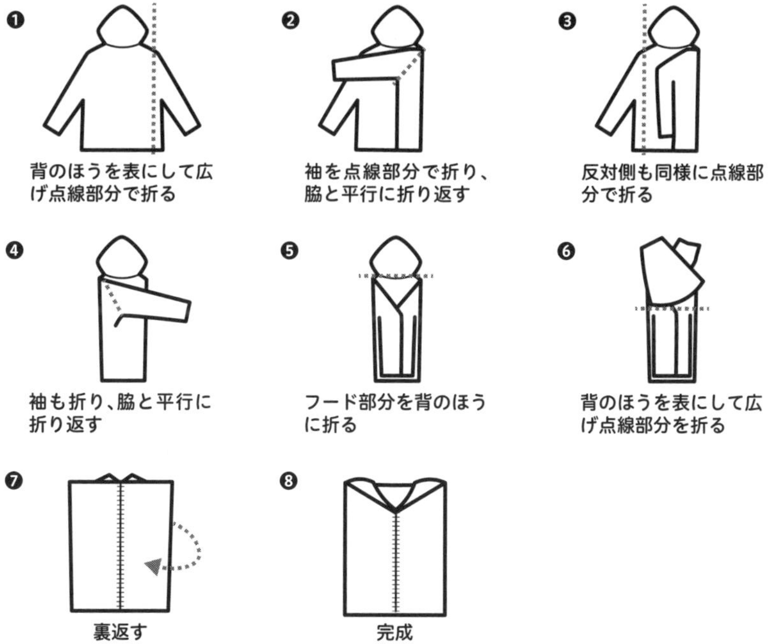

❶ 背のほうを表にして広げ点線部分で折る

❷ 袖を点線部分で折り、脇と平行に折り返す

❸ 反対側も同様に点線部分で折る

❹ 袖も折り、脇と平行に折り返す

❺ フード部分を背のほうに折る

❻ 背のほうを表にして広げ点線部分を折る

❼ 裏返す

❽ 完成

　パーカーは、中サイズの宅配ビニールに入ります。ジャケットは、かなり厚みが出るので、特大サイズの宅配ビニールに入れましょう。

▶ 宅急便コンパクトで配送

　古着・アパレル転売では、ヤマト運輸が提供している宅急便コンパクトという配送方法を利用します。**専用の封筒とボックスを、ヤマトの営業所やネットショップなどで有料購入することができます。**

　宅急便コンパクトは雨に弱い段ボール素材を使っているので、

商品をビニール袋に入れてから梱包するようにします。箱が浮く場合は、ガムテープで押さえましょう。梱包が完了したら、コンビニに持ち込んで発送します。

宅急便コンパクトの梱包材

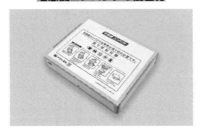

　発送は、送料が安い「らくらくメルカリ便」から宅急便コンパクトを選びます。手順は以下の通りです。

　①商品が売れると、取引画面が表示されます。＜コンビニ・宅配便ロッカーから発送＞をタップします。その他の発送方法に変更する場合は、＜らくらくメルカリ便を使わない＞をタップして変更しましょう。
　②発送する場所を選択します。家の近くにあるコンビニを選びましょう。

【ファミリーマートから発送する場合】
　③手順②で＜ファミリーマート＞をタップしたら、続いて＜サイズ＞をタップ。一覧から任意のサイズを選択し、＜完了＞をタップします。

　④＜配送用のQRコードを表示する＞をタップすると、配送用のQRコードが表示されます。

⑤コンビニに持ち込み、ファミポートにかざすとレシートが出るので、レジで商品とレシートを提示し、発送手続きを行います。

⑥発送手続きが完了したら、＜商品を発送したので、発送通知をする＞をタップして、購入者に発送したことを知らせてあげましょう。

【セブンイレブンから発送する場合】
③手順②で＜セブンイレブン＞をタップしたら、続いて＜サイズ＞をタップ。一覧から任意のサイズを選択し、＜完了＞をタップします。

④＜配送用のバーコードを表示する＞をタップすると、配送用のバーコードが表示されます。

⑤コンビニに持ち込み、レジで商品と手順④のバーコードを提示し、発送手続きを行います。

⑥発送手続きが完了したら、＜商品を発送したので、発送通知をする＞をタップして、購入者に発送したことを知らせてあげましょう。

43 月10万円のための「取引管理」

▶ 3つのシートで取引を把握・管理する

10万円を稼ぐことを目標にした場合、発送、梱包をして終わりではありません。常に多くの取引を抱えるメルカリ転売では、個々の取引が現在どのような状況であるかを把握する必要があります。

そこで利用してもらいたいのが、私が転売スクールで配布している「管理表フォーマット」です。**「売り上げ管理」「在庫リスト」「仕入れ管理」の3つのシートから構成されており、これを使うことで個々の取引状況を"見える化"できます。**

▶ 管理表フォーマット①「売り上げ管理」シート

まず、「売り上げ管理」は基本情報を入力していくシートになります（図4-9）。項目は、販売日、販路、売上、仕入れ数、利益、利益率、購入者、商品、住所、発送、通知、評価などがあります。テーブルに設定しているので、見やすいよう並び替えることも可能です。

商品の項目は「在庫リスト」シートに入力しているアイテム名が反映されます。セルを選択した状態で表示される＜▼＞をクリックして、プルダウンから商品を選択しましょう。

158

図4-9 売上管理シート

基本的に、記入できるところから埋めていき、取引段階が進むごとに項目を埋めていくようにしましょう。

管理表フォーマット② 「在庫リスト」シート

次に、「在庫リスト」は在庫を管理することが目的のシートです。

図4-10 在庫管理シート

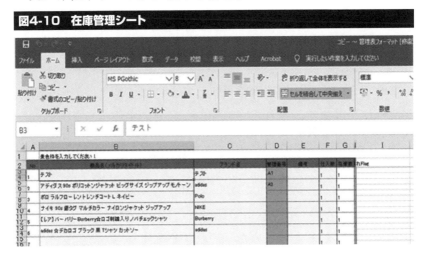

商品名はメルカリに出品するタイトルを入れましょう。ブランド名はブランドやメーカーの名前を入れておくのが良いでしょう。

▶ 管理表フォーマット③「仕入れ管理」シート

最後に「仕入れ管理」シートは、仕入れの進捗状況を確認するためのものです（図4-11）。購入先や商品などを記入します。**購入金額と利益の予定額を把握することで、全体の流れを把握できるシートになっています。**

図4-11　仕入れ管理シート

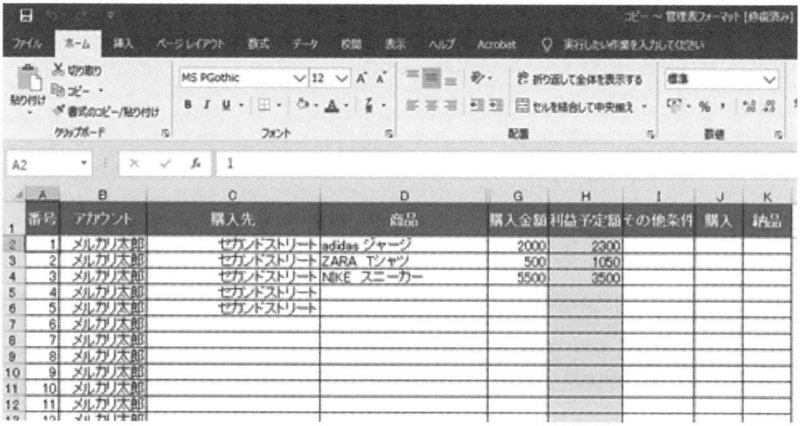

これら3つのシートを随時更新しておけば、個々の取引の詳細が明確になります。これまで煩雑になっていた作業もきっと効率的に行えるようになるはずです。

なお、この「管理表フォーマット」はオフライン時はExcel形式でも使用しても構いませんが、外出先で管理する際も考慮するとGoogleスプレッドシートで使用したほうが便利です。

3つのシートをまとめた管理表フォーマットは巻末の公式ラ

インに載せています。ぜひダウンロードして活用してください。

4章 — 古着・アパレル転売で月10万円を稼ぐ

アパレルの知識を生かして月収100万円を稼ぐDさん

■年齢	36歳
■現住所	岡山
■家族	独身
■現在の職業	講師業、コンサルタント
■前職	アパレル（13年）
■当時の月収	手取り13〜19万円
■現在の売上	月商100万円
■ビジネス歴	4年3カ月

●アパレルショップで働いた経験から服の転売を開始

　私はメルカリ転売に着手する前に、アパレルショップに13年間勤めていました。当時の収入は20代の頃は13万円。途中からは店長になったのですが、それでも手取りで19万円ほどでした。社会保険に入っていなかったので、いま思うと危ない会社だったのかなと思いますね。

　そんなある日、勤めていたショップが閉店することになり、無職になってしまいました。
　「どうしようかな」と思っていたところ、当時はモバオク、ヤフオクの全盛期。そのプラットフォームを使って服を売っていて自

信があったので、アパレル転売を始めようと決意しました。

● 古着・アパレル転売のノウハウを確立

　ただ最初は全く売れませんでしたね。700 円で買ったナイキの
ジャージ、900 円のノーブランドの P コードを売るのに 1 年か
かったこともありました。

　そんな状態でも、数をこなしてくると徐々に変化が出てきます。
仕入れして出品を繰り返して、売れるものと売れないものを分析。
アパレル転売で見るべきポイントがわかってくるのです。

　そうして、今では森さんとパートナーを組んで、古着・アパレ
ル転売のノウハウを確立。教える側に回り、月に 50 万〜 100 万
円の実績を出す生徒さんを多く輩出しています。

　古着・アパレル転売をしたことがない方は、不安があると思
います。ですが、ちょっとしたコツさえつかめば、1000 円で仕
入れた商品が 1 万円で売れたり、2000 円で仕入れたアイテムが
2 万円で売れたりします。また、他の転売と違って、お金を稼ぎ
ながら楽しめるノウハウです。服好きな人にはとてもオススメな
転売方法だと思います。

　アパレル転売はブランド、デザイン、価格、コンディション、
付加価値を押さえれば、売れる商品を確実に見つけることができ
ます。ぜひ 4 章のノウハウを参考にしがら、楽しんで転売に挑戦
してみてください。

5章

確実に
安定した収入を
稼ぐシステム

44 数値の"見える化"が ビジネスとしての一歩

▶ 何のために稼ぎますか？

　あなたがやりたいことは、お小遣い稼ぎでしょうか？　それとも副業でしょうか？　はたまた起業でしょうか？

　この3つは、似ているようで全く異なります。

　3つの違いのポイントは将来的な展望があるかどうかです。お小遣い稼ぎは今、今日、今月の支払いという目先だけを考えるのが一般的です。これに対して、副業は3カ月、半年、1年、2年といった期間で収支を考えます。そして、起業に行きつくと経営計画を考える必要があるので、10年先、20年先という長期的な視点を持たなければなりません。

　4章でお伝えした古着・アパレル転売のノウハウであれば、基本的に誰でも10万円を稼ぐことはできるはずです。しかし、継続させるには、まさに副業や起業で求められる長期的な視点が必要になってきます。

▶ 生活費と事業資金を個別管理する

　私が物販を教えてきた生徒の中で、せっかく転売で利益を得て

166

も、基本的なルールを守れていないことが原因で、生活が苦しくなった方がいました。その基本的なルールとは、生活費と事業資金の個別管理です。

これができないと、生計を立てるための交通費や食費、家賃と、"転売のための事業費"である仕入れや利益を一緒に管理。**入金額や仕入れ額がわからなくなり、手元に残っている資金が把握できなくなってしまいます。**

長期的な視点を持つためには、このような自己管理が必ず必要になります。そして、自己管理をするために、効果的なのが「データの数値化」です。数字に表して"見える化"することで、その延長線上にある未来の利益や経費を推測できるようにしましょう。

▶ 簡単にデータを数値化できるシート

では、**転売における「データの数値化」とは何か。答えは、実にシンプルで「単価×数量」の数式を使うだけです。**転売で必要なのは、販売価格と売上個数。難しい公式や計算式は必要ありません。

その上で、本書では自己管理のために、この基本的な数式をベースにしつつ、さらに細分化して168ページに載せた独自の目標管理シートを作りました（図5-1）。

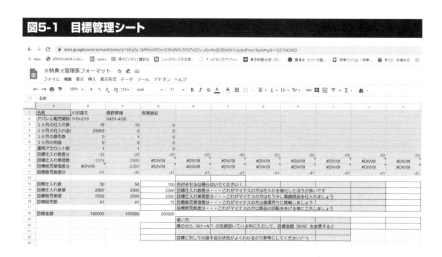

図5-1　目標管理シート

　目標管理シートの使い方は、あらかじめ設定しておいた目標金額に対して、**1カ月の仕入れ数、仕入れ金額、販売数、利益を入力するだけ。**これだけで目標に対してどのくらい達成できたのかを数値化してくれるようになっています。

▶スケジュール管理をシビアに

　たとえば、月に30個の仕入れを目標にしているとします。この場合、1日平均1個のペースで仕入れなければなりません。しかし、実際始めてみた結果、スタートから15日経っているのに、5個しか仕入れられていなかったらどうなるでしょう。とても目標の仕入れ数の30個には届きそうにもありません。

　商品の成約率は平均60％だとして、ひと月に30個仕入れたら18個売れます。しかし、それが10個の仕入れになると、販売数は6個になります。つまり、利益は予定していた額の3分の1。目

標とする利益金額の達成には程遠い数字です。

　数値化したデータをチェックすることは、このような事態を防ぐ効果を発揮します。毎日確認する習慣をつけておけば、**目標と実態の差を自然と把握でき、手遅れとなる前に軌道修正ができるようになります。**

　本書のキャッチコピーは「初月から10万を稼ぐ」です。参考例として、古着・アパレル転売における具体的な数値を記載しました（図5-2）。目標管理シートと合わせて活用してください。

5章──確実に安定した収入を稼ぐシステム

図5-2　古着・アパレル転売で10万円を達成するための数値目標

●当日仕入数／初めは15着。慣れたら40着。
　　　　　　　（1店舗平均で7〜10商品の仕入れ）

●仕入単価／夏：1000円前後　冬：2000円前後
　　　　　　（高単価商品を扱い始めると2〜2.5倍アップ）

●当月累計仕入／夏：165個（16万5000円）
　　　　　　　　冬：82個（16万4000円）

●当日出品数／6分間で1商品の撮影＆出品を目指す
　　　　　　　（3時間あれば30出品）

●当月累計出品／夏：165個　冬：82個

●当日販売数／夏：2〜3個　冬：1〜2個

●当月累計販売数／夏：82個　冬：41個

●成約率／60％（上手くなれば85％以上）

●合計利益／10万円

●平均利益／夏：1200円〜2000円　冬：2000円〜3500円

安心・安全なキャッシュ＆フローを回す

▶ 支払いと入金の流れを把握する

　キャッシュ＆フローという言葉を聞いたことはあるでしょうか。**売上金から経費などの支出を引いて、手元に残る金額、もしくはその流れを指す言葉です。**

　先日、私の転売スクールでこのようなことがありました。ある生徒さんが「メルカリ転売で10万円の利益が出ました」と報告してくれたのですが、明細を見せてもらうと、残念ながら利益は10万円ではなかったのです。
　これはどういうことなのか。原因は発送資材、備品、通信費などの副業にかかる経費を、収入から引いていなかったことにありました。つまり、**メルカリでの売上＝利益と勘違いしていたわけです**（図5-3）。

　一般的な会社の売り上げは縁日の屋台や露店のように決まった日だけに発生するわけではありません。これはメルカリ転売においても同じで、売れる日が決まっているわけではありません。
　売れた商品の入金が翌月の場合や、仕入れた商品の支払いが2カ月後になることもあります。
　そのため、しっかりと売り上げと経費、そこから計算できる利

益を把握しなければ、転売事業は絶対に成功しません。このことからも先述したデータの数値は必ず習慣にする必要があるのです。

図5-3　収入と所得の違い

収入(売り上げ)	
経費	所得(売り上げ－経費)

収入(売り上げ)－経費＝所得

・収入(売り上げ)……「稼いだ額」
・経費……「稼ぐために使った額」
・所得……「収入－経費」

▶生活費と副業費を専用口座に分ける

お金の管理ができない人の特徴は、事業資金と生活費を混同していることです。同じ銀行口座、同じクレジットカードを使って、仕入れや生活費を支払う。これは、最も危険なパターンのひとつです。

キャッシュ＆フローを明確にするためにも、**預金口座とクレジットカードはそれぞれ生活費専用と副業専用に分けておきましょう。**

さらに、生活費と事業費が一緒にならないよう、会社員（本業）の収入を副業に使わないことが大切です。

2章コラムで登場したBさんは、物販の利益には一切手を付けず、会社員の収入で生活費全てを賄っていました。最初は難しいかもしれませんが、皆さんもそうなるように取り組んでください。

▶ 常に手元に資金が多くある状態を作る

キャッシュ＆フローの大原則として、よく言われるのが「入金を早く、支払いを遅く」することです。**常に手元に多くの資金がある状態を作っておくということですね。**

転売初心者の方は入金、支払い日のズレを理解できずに、失敗してしまうケースは少なくありません。

たとえば、女性の生徒さんが切羽詰まった様子で「10万円が足りない。どうしたら良いでしょう？」と話しかけてきたことがありました。

「何が起きたのだろう」と思って話を聞いてみると、どうやら仕入れの資金が不足して、**リボ払いで購入してしまったことが原因でした。**リボ払いにすると、実際に仕入れた価格より高い仕入れ値になってしまいます。転売において仕入れ資金をリボ払いにすることは厳禁です。

結局、女性はカード枠を圧迫してしまい、次の仕入れができなくなりました。手元の売り上げだけを見て、実際の利益をチェックしていなかったために、キャッシュ＆フローが破綻しまった典型的なパターンです。

▶ キャッシュ＆フローを考えないとどうなるか

メルカリのシステムが招くトラブルもよくあります。

ある男性は50万円の売り上げ金を所有している状態でした。メルカリでの売り上げはプラットフォーム内では現金と同じ扱いになり、自由に買い物ができます。男性はこのシステムを使って、45万円のブランドバッグを購入しました。

　しかし、過去に仕入れで使ったクレジットカード15万円分の請求が5日後に迫っていました。手元には残っている現金は5万円。メルカリの売上金も買い物で使ったので5万円分しか残っていません。

　最終的に男性は知り合いからお金を借りて一難を逃れたそうですが、キャッシュ&フローを考えていないため起きた事態と言えます。

　このように、キャッシュ&フローへの意識が低い人は、先を読まずにお金を使うことがよくあります。まずは、しっかりとコントロールできるように、**お金は管理表を通して"見える化"を徹底**。自分の実力に合った事業を展開できるようになりましょう。

46 クレジットカードを便利に使う

▶入金は早く、支払いは遅く

　キャッシュ&フローを良くするために、本書で推奨しているのが、**クレジットカードで商品を仕入れる方法です。**

　クレジットカードは、一般的にその月の中旬が締切日。月末ないしは翌月中旬を支払日として設定しています。分割払いやリボ払いなど、使い方に合わせて柔軟に支払い方法を選択できるメリットがあります。

　一方、メルカリの入金日は、申請を行った翌日、もしくは翌々日（※振込口座をゆうちょ銀行に指定している場合）に振り込まれます。**クレジットカードの引き落としよりも、メルカリからの入金の方が基本的に早くなります。**

　つまり、クレジットカードを使えば、キャッシュ&フローの原則である「早い入金と遅い支払い」を実現できるのです。

　なお、メルカリでの売り上げ金について、申請日から振込み日までにかかる日数について、ゆうちょ銀行とそれ以外の銀行に分けて図5-4にまとめました。こちらも合わせて参考にしてください。

図5-4　メルカリの入金申請日と支払い一覧（2020年4月1日時点）

ゆうちょ銀行以外を利用

申請が完了した日	振込日	
	0時00分～8時59分の申請	9時00分～23時59分の申請
月曜日	火曜日	水曜日
火曜日	水曜日	木曜日
水曜日	木曜日	金曜日
木曜日	金曜日	月曜日
金曜日	月曜日	火曜日
土曜日	火曜日	火曜日
日曜日	火曜日	火曜日

ゆうちょ銀行を利用

申請が完了した日	振込日	
	0時00分～8時59分の申請	9時00分～23時59分の申請
月曜日	木曜日	金曜日
火曜日	金曜日	月曜日
水曜日	月曜日	火曜日
木曜日	火曜日	水曜日
金曜日	水曜日	木曜日
土曜日	木曜日	木曜日
日曜日	木曜日	木曜日

▶ クレジットカードは複数枚持とう

クレジットカードを使いこなすにはコツがあります。

まず、**クレジットカード1枚だけでお金を管理しようとする人が多くいますが、これは大きな間違いです。**

大手クレジットカードは、月末締め翌月27日払いです。6月に転売をスタートして、支払額の締め切りとなる6月末まで限度額上限を使用したとします。

すると、7月27日の支払いが終わるまでこのクレジットカードのカード枠がなくなってしまいます。つまり、7月1〜27日までは仕入れができず、商品を売ることしかできません。当然、キャッシュ＆フローは悪化してしまいます。

クレジットカードを使うことのメリットは、カード会社によって締め日と支払日が違うことです。上記の限度額の問題は、**2枚以上のクレジットカードを使うことによって、キャッシュ＆フ**

ロー＝手元の現金の流れを健全化することができます。

　クレジットカードは強引に目先の現金を確保して、未来の利益を増やせる便利なツール。使うことに抵抗がある人は多いかもしれませんが、支払いが遅くなるというのは大変な強みです。

　また、手元に現金がなくて、仕入れができない人がいますが、クレジットカードを使えば、この問題も解決します。

　ちなみに、どうしても１つのクレジットカードで管理したいのであれば、翌月の仕入れのために限度額の半分は残しておきましょう（図 5-5）。

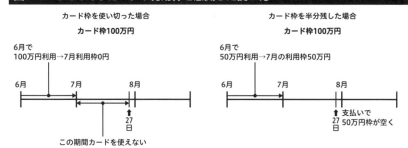

図5-5　クレジットカードの利用枠を意識した使い方

▶オススメのクレジットカードはコレ！

　私の副業スクールでは、ノウハウを教えるにあたってクレジットカードを作ってもらうようにしています。持っていない人もいるでしょうが、物販をやっていく上で絶対に必要となります。図 5-6 に、オススメのクレジットカードをまとめましたので、最低でも１枚は所持しておきましょう。

　ちなみに楽天カードと Yahoo! Japan カードが転売で便利な理由は、どちらとも仕入先になる可能性があるためです。仕入れる

際、楽天カードで楽天市場の買い物したり、ヤフーカードでヤフオク、ヤフーショップ、PayPayで買い物をしたりするとポイントが優遇されます。そのポイントを使ってさらに仕入れることもできるので、メリットが大きいということですね。

図5-6　クレジットカード一覧表

●審査に通りやすいクレジットカード
- ・ライフカード
- ・セディナカード
- ・イオンカード
- ・Mujiカード
- ・ファミマカード

●転売で便利なクレジットカード
- ・楽天カード
- ・Yahoo! Japanカード

●クレカ枠が広がりやすいクレジットカード
- ・楽天カード
- ・Orikoカード
- ・EPOSカード

また、図5-7に複数のカードを使う際の資金繰りのルールもまとめました。ポイントは2点あり、**ひとつは支払い日が違う会社を選ぶこと。2つ目には、各カードは1カ月で上限額の半分までしか使わないことです**。こうすることで、お金の流れを止めることなく、継続していくことができます。クレジットカードを使って仕入れる際の参考にしてください。

図5-7 複数のクレジットカードの使い方　参考例

——— カードA　枠100万円　月末締め　翌月27日払い
　　　毎月1～10日までの仕入れ　50万円まで

——— カードB　枠50万円　10日締め　翌月4日払い
　　　毎月10～20日までの仕入れ　25万円まで

……… カードC　枠80万円　20日締め　翌月17日払い
　　　毎月20～30日までの仕入れ　40万円まで　合計115万円

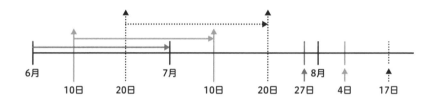

47 時間管理で リスクを抑える

▶ 各作業にかかる時間を測る

　166ページでは各データを数値化することが大切だということをお伝えしましたが、作業時間についても可視化して管理できるようにしておきましょう。

　仮に1ヵ月で10万円を稼ぐために、月に60個販売しなければならない商品を扱っていたとします。1個仕入れるのにかかる時間が10分だとしたら、60個仕入れるには10時間必要だということがわかります。

　仕入れ以外にも作業は出品、SEO対策、梱包、発送などがあるので、これらについても**それぞれどのくらいの時間を要するか、合計時間を算出します**。できればストップウォッチを使って各々の作業時間を計測してみることをオススメします。難しかったら予想でも構いません。まずは仮でもいいので、数字を出すことが重要です。

　そして、**睡眠や入浴など生活時間を加味した上で、1日に使える作業時間を検討します**。

▶作業時間を"見える化"する

　各作業にかかる時間と空き時間を把握したら、**Googleが提供しているオンラインカレンダー「Googleカレンダー」に作業予定の日時を入れ込んで可視化してみましょう**。パソコンやスマホからいつでも参照できますし、画面も見やすいので、管理ツールとして申し分ないツールだと思います。作業ごとに色分けしておけば、よりわかりやすくなります（図5-8）。

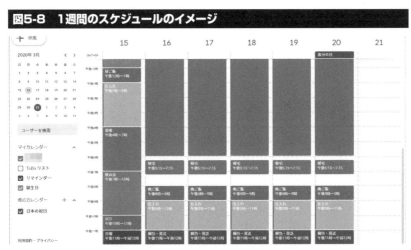

図5-8　1週間のスケジュールのイメージ

　一般的に会社員の方なら、月に稼働できる時間は平日の夜か休日ぐらいでしょう。実際に運用するとわかるのですが、「この日はもっとできる」と思って作業時間を入れすぎてしまうことがあります。自分のペースがあると思いますので、それに見合った余裕のある計画を作っていきましょう。

　もし計画通りにいかなくてもシビアに考える必要はありません。その分の作業時間をを土日に確保するなど柔軟に対応していく姿

勢が大事です。

▶ 仕入れは20日目で終わらせておく

　作業時間を割り当てるときのポイントは、作業によって集中する時期を変えることです。

　たとえば、1ヵ月で10万円稼ごうと思ったら、仕入れを30日目に起こしていたらダメです。なぜなら30日目に仕入れても売れるのは翌月の可能性が大。その月の利益にはなりません。

　一方で、初月の1日目から出品をスケジューリングに入れることもできません。手元に在庫がなく、仕入れていないためです。

　ではどうすれば良いのか。**正解は、月の前半に仕入れを、月の後半に出品をすることです。**特に、25日～月末あたりの給料日前後は売れやすいので、そこに焦点を合わせて出品していきましょう。このタイミングまでに、商品の在庫を確保しておく意識を強く持っていくことが大切です。遅くとも仕入れは20日までに全部仕入れて、残りの10日で全部売り切ることを目指しましょう。

　なお、1回の作業では、仕入れなら仕入れ、出品なら出品というようにひとつの工程に集中して取り組むと効率的です。

　このように作業時間を記録する習慣がつくと、「作業時間を確保するために睡眠時間を削る」「仕入れが足りないから今週の飲み会の誘いを断ろう」という意識が生まれ、確実に目標達成に近づくようになります。

図5-9　1カ月の仕入れと出品スケジュールのイメージ

日	月	火	水	木	金	土
			1	2	3	4
			仕入れ →			
5	6	7	8	9	10	11
12	13	14	15	16	17	18
19	20	21	22	23	24	25
26	27	28	29	30	31	
出品 →						

▶「閲覧されやすい時間に出品する」は勘違い

　時間についてもう1点。出品時間で注意してほしいことがあります。一般的に、ターゲット層がメルカリを見ている時間帯に、商品を展開することが推奨されていますが、これは正しくはありません。

　閲覧しやすい時間帯＝売れる時間帯と思いがちですが、**メルカリで一番売れる時間帯は、21〜24時**。ターゲット層を問わず、就寝前に一息つく時間帯です。

　ターゲット層がよく見る時間帯に出品したからといって、売り上げが明らかにアップするわけではないのです。

　初心者は、安易に専業主婦向け、学生向け、社会人向けとカテ

ゴライズして、その人たちの行動に出品時間を合わせてしまいがちです。しかし、**売れる時間帯を意識しすぎてわざわざ出品時間を何回にも分けてしまうと、作業の効率が悪くなるだけです。**

　まずは継続することが何よりも大切です。自分のライフスタイルに合わせた時間に出品しましょう。

常にユーザーの目に留まるためのSEO対策

▶ メルカリでもSEO対策はできる

　皆さんは、SEOという言葉を知っているでしょうか。これからインターネットを使ってメルカリ転売をしていく読者の方には最も覚えてもらいたい知識のひとつです。

　SEOとはGoogleやYahoo!などのネット検索エンジンを使って、自身のウェブサイトが上位に表示されるように取り組むテクニックのこと。上位に表示されるほどアクセスが集まるので、Webサイトを運営している企業は日々、SEO対策に励んでいます。

　一般的なGoogleのSEO対策では、検索ボリュームが高いキーワードを盛り込む、信頼性の高いコンテンツ作りを行うなどのテクニックが知られています。

　あまり知られていませんが、実はメルカリでもタイムラインに一度出品した商品を、**もう一度タイムラインの最上位に表示させるために、SEO対策を講じることができます。**

　上級者の方は、すでに出品済みの商品のページを削除して、再度新たなページを作って出品する、いわゆる「再出品」と呼ばれる行為で上位に表示する方法を知っているでしょう。ですが、これはメルカリで大きな金額を稼ごうとする人にとっては危険です。

　なぜなら再出品すると、動作数（詳細は47ページ参照）が減り、

出品可能な商品数が少なくなるからです。

本書でお伝えする SEO 対策は、そうしたリスクは一切なく、かつ閲覧者の目に留まるようにタイムラインに上位表示させることができます。

▶ 超簡単に上位表示させる方法

まず前提として、メルカリで新規出品する商品に対しては、説明文やタイトルに適切なキーワードをしっかり盛り込むことが、SEO 対策として有効です。

しかし、すでに出品した商品に対しては当然この方法を使うことはできません。そこで、ぜひ取り入れたいのが、「100 円値下げ」による SEO 対策です。

メルカリの SEO は、価格を変更することで反応する仕組みになっています。100 円値下げはそのシステムを利用した簡単なテクニックです。

たとえば、**1000 円の値付けで出品中の商品であれば、900 円に価格を変更する**。たったこれだけのことで、再び上位に表示されます。もちろん、動作数に影響がありません。

値下げ幅は 100 円でなくても問題ありませんが、できる限り高く売りたいので元値に近い価格で設定するのがコツです。

100 円値下げをする頻度は 1 日 1 回。タイミングは、習慣化できさえすれば、いつ SEO 対策しても問題ありません。自身のライフスタイルに合わせてちょっとした空き時間に行えばいいです。

注意が必要なのは 1 日目に 100 円値下げした場合、2 日目に

は200円、3日目には300円と100円ずつ値下げの金額を落としていくこと。この点はあまり知られていないので、ぜひ覚えておいてください。

SEO対策をするだけで、見違えるように売り上げが伸びます。日々の作業時間に「100円値下げ」をぜひ取り入れてください。

ただし、今後メルカリのシステム変更によってアルゴリズムが変わっていく可能性もあります。ここでご紹介した方法は、2020年5月時点で有効なテクニックであることを念頭に置いてチャレンジしてみてください。

100円値下げによるタイムラインの変化

(49) ステップアップの ためのリサーチ術

▶ 売れているアカウントを観察する

　Amazon や楽天などのプラットフォームでは、ライバルセラーから低評価やクレームを付けられるなどして嫌がらせを受けることがあります。一方、メルカリは初心者と上級者の差が出づらいシステムなので、そういった現象は起きません。

　これは一見メリットのように思えますが、実はデメリットでもあります。売り手側で工夫できることが少ないことは、他のセラーとの差別化ができない負の側面を生んでいるからです。

　セラー同士が同じものを同じ方法で売っていれば、当然自分の利益は増えません。そこで必要になってくるのが、マーケティングの手法を取り入れることです。といっても、専門的な調査を行うわけではありません。**最もよく売れているライバルセラーを研究する。これだけで十分です。**

　たとえば、時勢に合わせて売れ筋の商品は変化していきます。夏であれば半袖の T シャツが売れるし、冬であればコートがよく売れます。世の中で流行っているアイテムはもの凄いスピードで変わっていきます。

　こういった市場の流れをチェックするために、まずメルカリの

タイムラインを見る習慣をつけます。トレンドの商品についてカテゴリを絞り込んで検索するクセをつければ、流行アイテムの傾向が掴めてきます。徐々に売れているアカウントの特徴もわかってくるはずです。

▶ 売り手側の意識を身につける

本書の読者はおそらく、これまでメルカリで商品を購入したことがある、もしくはメルカリで不要な物を出品したことがあるという人が多いのではないでしょうか。その一方で、専門的に転売をしたことがある人は少ないと思います。

本格的に"売り手に回る"というのは、**商品のリサーチ、商品ページの作成、適正な価格設定、SEO対策などを、事業者目線で実行することを意味します。**

そのため、商品の価格層が変動すればなぜ変動したのか、その理由を考える。また、商品写真はイマイチなのに売れているのはなぜなのか。小さなことでも疑問を抱いて常にタイムラインをチェックする。こういったことを習慣にしている人は、圧倒的に成長するスピードが早いです。

▶ 買い手側の目線も意識する

そして、売り手意識の次に身に付けたいのは、買い手目線です。商品を見たときに、自分がもし購入者であればどう思うか。魅力的だと思ったら、そこに何かしら理由があるはずです。その根拠を徹底的に分析してみましょう。それで、自分の転売にも実践で

きそうなことがあれば取り入れてみます。

▶ 顧客のニーズをくみ取る

本書が皆さんに教えているメルカリ転売のノウハウは、出品量を増やすだけで利益も上がるようになっています。ただし、作業時間などの問題もあるため、ある一定量を超えると利益額は頭打ちになります。そんなときに、必要になってくるのが購入者目線です。

たとえば、カメラ転売でいえば、「入学式や卒業式におすすめ」という売り文句が一般的です。しかし、購入者の気持ちをくみ取って考えると、「お子さんの晴れ姿をまるで目の前で見ているかのように撮影できます」という紹介文を作ることもできます。**シチュエーションをイメージさせ、そこに役立つ機能を説明文やタイトルに盛り込むと、売れ行きはアップします。**
本書が教えているノウハウは、扱う金額が最初こそ安いですが、徐々にステップアップして金額が高くなってくると、1商品あたりの利益も大きくなります。多くの利益が欲しいのであれば、お客さん目線が大切です。

▶ どんな情報もいずれ古くなる

本書で紹介しているメルカリのSEO対策やクレジットカードのノウハウはあくまで現時点の情報です。これらは半永久的に使えることはありません。プラットフォームのシステムの変更など

により、仕様が変わる可能性が高いからです。

　私の転売スクールの売りのひとつであるノーリスク中国輸入においても、これから先もメルカリ転売の切り札となるかどうかは誰にもわかりません。実際、メルカリで使えなくなったノウハウをこの4年間でたくさん見てきました。

　お伝えしたいのは、常に情報の更新が大切だということです。この本でお伝えしたこともやがて古くなっていき、メルカリ転売をする上で通用しなくなるときが訪れます。情報収集はしっかりと習慣化し、常に最新の情報を手に入れることが必要になります。

▶ 成功者から生の情報を聞き出す

　心がけてほしいのは、常に情報のアップデートがある場所に身を置くことです。**すでに成功している転売者に直接会って、話を聞き、最新の情報を教えてもらう**。これが何よりも財産になります。そこにはインターネットには流れていない、価値ある情報があります。実際にビジネスで利益を上げている多くの方は、業界のコネクションを活用して独自の情報を仕入れています。

　そういう意味でも、私のスクールはノウハウを学ぶには最適な環境と言えます。提供している全てのノウハウも、情報が古くならないよう随時アップデートしています。インターネット全盛の今であっても、やはり自分の目で見て、耳で聞いて確かめるということはとても大切なことなのです。

年収300万円から1200万円に上ったEさん

- ■年齢　　　　30歳
- ■現住所　　　福岡県
- ■家族　　　　独身
- ■現在の職業　講師業、経営者、物販プレーヤー
- ■前職　　　　製造業
- ■当時の月収　16万6000円
- ■現在の売上　月収100万円
- ■ビジネス歴　約2年半

●「1000万円稼げるよ」の一言で決心

　私は、板金加工のパーツを製造する工場で正社員として働いていました。小さい会社だったので、製造も営業も、果ては雑用や面接官、新入社員の教育まで何でもやらされていました。なのに、給料は月給16万6000円……。誰がどう見てもブラックです。

　このままの環境では何も変わらないことはわかっていたので、漠然と転職か脱サラは将来的にしたいと思っていました。貯金もゼロで、当時付き合っていた彼女との結婚など想像もつきませんでした。こうした積み重ねが爆発して、何かしなければと動くきっかけになったと思います。

　動画で森さんを知り、「1000万円稼げるようになりますか？」

と相談したところ、森さんは「いけるよ」と即答してくれました。今でもよく覚えています。とても心強く感じ、ともかくスクールに入ることを決意しました。

● 成功者の真似をすることが成功の近道

　物販を始める前と後のギャップは特にありませんでした。入塾後も意外と手厚くサポートしてくれました。

　実際にメルカリ転売を始めてみて、覚えることはたくさんあったけれど、ノウハウに従って出品すれば売れていくのだなという手応えは衝撃的でした。

　メルカリでカメラ転売を始めた初月は10万円、2カ月目〜3カ月目は15万円、4カ月目には25万円を稼げるようになり、脱サラを決意しました。5カ月目には40万円。6カ月目、森さんから革靴転売をやってみないかと打診されました。

　私はこのとき、カメラ転売で手応えを感じていて、100万円を稼げるビジョンが見えていました。扱う商品を変えて、同じように上手くいくか不安でした。ただ、ここまで新しいことにチャレンジしていく姿勢や成功者の言葉を素直に聞くことによって、結果が出せたという実感もありました。

　森さんのアドバイス通り、革靴転売をスタート。その結果、アパレル転売につながる大きなスキルを手にすることができ、店舗ツアーを開催できるまでにレベルアップできました。

　自分よりも先を行く成功者の真似をすることが、自分の人生を変えることにもつながりました。みなさんも、信頼できる人の言葉を一度受け入れてみましょう。

193

6章

さらに大きく稼ぐためのマル秘ノウハウ

50 月収30万～50万円を かなえるノウハウ①

▶ 30万円の利益は、10万円の延長線上にある

　大きな区切りである10万円を達成したら、さらに次のステップに進みましょう。本章ではここまでお伝えしてきたアパレル転売のノウハウをベースに、30万～50万円、50万～100万円、100万円～、と3つの収益帯に分けて、それぞれでするべきことを詳しくお話ししていきます。

　まずは、1カ月に30万円を目指す場合ですが、基本的には10万円のノウハウの延長上で達成することができます。

　つまり、すべきことはこれまでと大きく変わらず、**10万円で実行してきた仕入れと販売の数を増やす**。これだけで、利益を10万円から30万円に増やすことは可能です。なぜなら大きな区切りである「10万円を稼ぐ」という目標を達成できていれば、ベースとなるノウハウが身についているからです。

▶ 仕入れルートを複数確保して数を稼ぐ

①仕入数を増やす
　30万円を目指すとなると、今までより大幅に忙しくなるイメージをお持ちの方も多いと思いまが、実はそうでもありません。

重要なことは、1店舗あたりの仕入れ点数を多くできるように、**より丁寧に商品をリサーチすること**。また、複数の店舗を回るときは、仕入れに行く前に時間効率の良いルートを確保することも大切です。これらを行うと、仕入れの時間は純粋に倍になるわけではなく、効率良く30万円を目指すことが可能になります。

　ただし、これまでより多く仕入れるために、新たに仕入れルートも確保しておかないと、思ったように仕入れることができない点には注意が必要です。

②時間確保

　10万円を稼ぐときと比べて確実に変化が出るのは、出品の作業時間です。商品ひとつに対して、その都度撮影して出品。売れたら梱包して発送するわけですから、**時間の確保がより一層大切になります。**

　また、大量の商品を仕入れなければならないため、在庫滞留するリスクは少なからず発生します。

　このように伝えると、仕入れが恐くなる人もいるかもしれませんが、安心してください。メルカリできちんと売れ筋の商品をリサーチしておけば、まず大量の売れ残りが発生することはありません。

　もし危険だと思ったら、原価で売れば良いだけです。 そもそも全く売れない商品を仕入れていたら原価で売ることは難しいですが、売れる根拠を見つけて仕入れているはずです。

　なお、ビギナーでいきなり初月から30万円ガッツリ稼いでやると考える人がいますが、大抵失敗します。まずはノウハウの基本

6章 さらに大きく稼ぐためのマル秘ノウハウ

197

をつかむことが重要なので、確実に1カ月に10万円を稼げるよう
になってからチャレンジしてください。

(51) 月収30万〜50万円を かなえるノウハウ②

6章 さらに大きく稼ぐためのマル秘ノウハウ

▶ 出品ジャンルを増やしつつ、ハイブランドにも挑戦

10万円を稼ぐノウハウでは古着・アパレル転売のカテゴリーの中でも服だけに集中していました。ですが、30万円を目指せる段階まで力がついてきたら、取り扱う商品のカテゴリーを増やしていくことも視野に入れるべきです。

古着・アパレル転売でメインに扱う服は、販売単価に限界があります。服の仕入れ数だけを増やして、さらに20万円分の利益を出すとなると作業時間が大幅に増えます。

それよりも、扱う**カテゴリを増やしつつ、単価を上げましょう**。とくにハイブランドの商品を優先的に仕入れるようにすれば、1個あたりの利益単価を上げることができるので、効率的に30万円を目指すことが可能となります。私の生徒の中には1商品あたりの平均利益5000円を超えている方もいます。

▶ 取り扱う商品が変わってもルールは同じ

扱う商品の幅が増えても、**これまでにお伝えした仕入れ方法はそのまま継続させましょう**。本書で説明している方法から外れたやり方には、手を出さないでください。今までの仕入れ方、値付けのルール、売れ筋の商品を調べるリサーチ方法を崩さないこと。

199

これが何よりも重要です。

よくある失敗は、相談する相手がいない状態で、商品知識もないのに高価なものにいきなり手を出してしまうことです。せっかく身につけたのにノウハウを無視してしまう。これはリスク以外の何物でもありません。

ですから、まずはこれまでの仕入れ基準に合う、単価が高いものを選んでいきましょう。いきなり多く仕入れるのは不安でしょうから、最初は数点仕入れて出品し、やり方を覚えてから仕入れ数を増やすことにチャレンジするのも OK です。

52 月収50万～ 100万円 をかなえるノウハウ①

6章 さらに大きく稼ぐためのマル秘ノウハウ

▶ 梱包と配送を外注して効率化

　1カ月に50万円を稼ぐとなると、脱サラを検討しても良い段階です。30万円までは副業で1人でも達成することは十分可能ですが、50万円はもはや片手間で実現できるレベルではないからです。

　作業量も30万円の頃と比べると断然増えるので、余計な作業に時間を取られると、肝心のリサーチや仕入れの時間を圧迫してしまいます。時間を捻出するためにも、これまでの転売方法を大きく変える必要があります。

　成功するポイントは、外注化です。

　外注化とは、今まで自分がしていた作業を、他人に依頼することです。利益の一部を報酬として払う代わりに、自分の作業時間を大きく減らして効率的な転売システムを構築するのです。

　もちろん、すべての工程を外注化する必要はありません。**まずは梱包・発送を他人に任せることから始めましょう**。この2つの作業は商品が売れた後に行うため、売り上げに影響しません。誰がやってもほとんど差が出ないため、外注化によるリスクもほとんどありません。

201

▶外注先は専用サイトから見つける

外注先の見つけ方法はいくつかあります。一般的なのは、インターネット上に掲載されているクラウドソーシングサービスを利用することです。下記にオススメのサービスを 4 つ紹介します。

■クラウドワークス
日本最大規模のクラウドソーシングサービスです。200 種類以上の仕事を募集。プロからアマチュアまで、幅広い年代のユーザーが利用しています。

■ランサーズ
クラウドワークスと並ぶ日本最大規模のクラウドソーシングサイトです。1 対 1、または 1 対複数の形式で仕事を依頼できます。

■シュフティー
在宅ワークを探す主婦に人気のクラウドソーシングサイトです。

■ジモティー
自宅・職場周辺で人材を探すときに便利なサービスです。

▶外注先は主婦層が狙い目

梱包・発送作業を任せる際にもポイントがあります。適当な人に依頼してしまうと、作業が滞ってしまう可能性もあるので慎重

に選びます。**そのときの基準は、①継続を期待できる、②社会常識がある、③野心がない、この３点が重要です。**

　③については、極端に稼ぐことに意識が強い人に依頼してしまうと、その人自身が独立する可能性があります。そうなると、せっかく築いた転売システムが台無しです。

　理想的なのは、堅実にコツコツと取り組んでくれる主婦層です。隙間時間を使って在宅でできる作業を探している人は非常に多いので、狙い目です。

　外注先が決まったら、定期的に仕入れた商品と梱包資材をまとまった数だけその相手に渡します。送るのも良いですし、距離が近ければ直接取りに来てもらうのも良いでしょう。

　外注の管理方法は、電話、書面、LINE、スプレッドシートなど自分のやりやすい方法で OK です。ただし、**報・連・相（報告・連絡・相談）を毎日提出してもらうようにしましょう。**

　報酬はどのくらいの作業量を任せるかによって異なります。クラウドソーシングサービスで類似の案件はよく募集されているので、相場価格を調べた上で決定します。

53 月収50万〜100万円 をかなえるノウハウ②

▶ 出品を外注化して効率アップ

転売の工程を分類すると、①リサーチ＆仕入れ、②出品、③梱包＆発送の3つのカテゴリーに大きく分けられます。

梱包＆発送を外注化したら、次の段階として出品を外注化することも検討します。

理想は、梱包・発送を頼んでいる人がある程度作業に慣れてから、その延長で出品を委託することがスムーズです。出品までお願いすると作業量も当然倍になりますので、私の場合は、メルカリでの売り上げ30%を渡すという契約で委託しています。

なお、仕入れまで外注化してしまうと、仕入れ資金を預けるリスクや、自分の思っているような転売ができなくなる危険があります。また、人によっては仕入れ方法を知ることで、すぐに独立してしまう可能性もあるため、オススメはしません。**よほど信頼できる人物がいない限りは、仕入れだけは自分でやるようにしましょう。**

▶ 外注先は複数確保しておく

外注先は複数用意しておきましょう。**人数は最低でも3人は確**

204

保したほうが、何かあったときに安心です。1人だけに絞ると、その人に問題があったときのリスクが大きいためです。

　ここまで成長した方でしたら、アパレル・古着転売のノウハウを完全にマスターしています。空いた時間は、自分のために費やすのも良し。違うノウハウに手を出してさらに稼ぐのも良しです。

6章　さらに大きく稼ぐためのマル秘ノウハウ

54 月収100万円以上をかなえるノウハウ①

▶ 自分だけの仕入れルートを開拓する

　最も難易度の高いレベルが1カ月100万円を目指すテクニックです。**この段階になると、新しい仕入れルートを開拓する必要があります。**

　30万円のノウハウの延長で100万円に到達できなくはありません。しかし、そうなるといつまでたってもアパレル・古着転売に甘んじることになります。アパレル・古着転売はあくまで物販のノウハウの1つに過ぎません。本書としては、次の段階に進んでもらうためにも、店舗以外の仕入れルートを徐々に増やしていくことを推奨します。

　たとえば、私とパートナーはレディースのアパレル商品を100円で仕入れできるルートを自分達で確立しています。こういったものは、探せば世の中に必ず存在します。それを、あなただけの独自の仕入れルートとして見つけることができれば、利益率が向上。ライバルセラーとの差別化も図ることができるというわけです。

　言い換えれば、仕入れルートの開拓とは、人脈の開拓です。私の場合は、仕事のパートナーに紹介してもらったり、業界の動向に敏感になったりした結果、見つけたものです。家に引きこもっ

ているだけでは到底見つけることは無理でした。

　読者の方だったら、まずは転売ノウハウを実践している知り合いを作りましょう。私の経験から言って人との出会いが、ヒントになる可能性も大いにあります。

▶ もう一つのチャネルで夢の100万円へ

　人脈が広がったからといって、仕入れルートはすぐに見つかるわけではありません。地道に情報を仕入れる活動が大事なので、自由な時間を捻出する必要があります。

　時間を捻出するために、まずは物販における「出品」「梱包・発送」を外注化しましょう。

　さらに、**商品が勝手に売れて自動発送してくれる理想的なプラットフォーム「Amazon」に進出していくことも検討します。**

　メルカリは初心者が自力で利益を出すという観点から見れば、最も優れており、即効性も良いプラットフォームです。しかし、100万円を目指すとなると、他の販売チャネルを考える必要が出てきます。メルカリは商品を出品して売れないと利益にならないからです。

　ですが、Amazonなら一度出品すれば後は放置しても勝手に売れていく仕組みを利用できます。私たちはこの仕組みを「自動化」と呼んでいます。

　人脈を広げつつ、商品の自動化を実施。さらに、アパレル・古着転売に加えてもうひとつのノウハウで柱を立てておけば、夢の100万円もそう遠くありません。

55 月収100万円以上をかなえるノウハウ②

▶ 転売チームを作って組織化する

複数の仕入れルートができたら、チームを作っておきましょう。

たとえば、図6-1のようなイメージです。Aという仕入れルートでは自分が仕入れ担当、1人の外注さんが出品・梱包・発送を担当。さらに、Bという仕入れルートは自分が仕入れ担当、1人の外注さんが出品、1人の外注さんが梱包・発送を担当といったように、チームを編成して役割を分担します。基本的に、自分は仕入れを専門にすることになります。

図6-1 仕入れルートを増やしたときのチームのイメージ

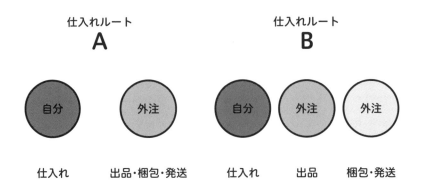

理想としては、3チーム確立できれば文句なしです。人材育成・管理は大変ですが、ここまでくると自由な時間もある程度は確保

でき、1カ月100万円を稼げるようになっているはずです。

▶ 中国輸入＋アマゾンの自動化を組み合わせる

　さらなるステップアップとして、**タオバオやアリババで仕入れた商品を転売するという中国輸入のノウハウとAmazonのシステムを組み合わせるのも効果的です。**

　自動化に欠かせない「Amazon FBA」を利用するには、Amazonの倉庫に商品を納品する必要があります。中国から輸入した商品は基本的にAmazonの倉庫に直送することはできないため、自宅からAmazonの倉庫へ発送するという工程だけは、残念ながら手動が求められます。

　そこで、**検品・倉庫発送を外注化する仕組みを作ります。自分がすべきことは在庫が少なくなってきたら、発注するだけです。**

　ここまでできれば1カ月100万円レベルでも、週の労働時間はわずか1時間程度で済みます。

　ただし、売り上げが下がってきたときのことを考えて、新しい商品を常に探していく姿勢は持っておきましょう。将来的には、扱う商品をODMやOEMに切り替えていけば、100万円以上の世界も見えてきます。

　1カ月に月収100万円以上を稼ぐには、相応の努力が必要になりますが、決して無理なことではありません。もし、ひとりで悩むようでしたら、巻末にある私の公式ラインまでご連絡ください。本書に記載したノウハウを含めて、お力になれればと思います。

6章 さらに大きく稼ぐためのマル秘ノウハウ

209

手取り20万から家賃20万の生活にかけ上がったCさん

■ 年齢	40歳
■ 現住所	福岡県
■ 家族	妻、娘、息子
■ 現在の職業	講師、セミナースピーカー、事業代表
■ 前職	営業
■ 当時の月収	手取り21万円
■ 現在の売上	月利250万円
■ ビジネス歴	3年半

●為替FXで失敗してメルカリ転売へ

　私は、福岡で建築資材の販売営業をしていました。建築現場の現場事務所に足を運び、現場監督さんや大工さんを相手に、今ではグレーゾーンの飛び込み営業をかけていました。

　当時の収入はボーナスも含めると年収420万円。今の時代の平均収入は400万円ですから、良い部類だったと思います。ただ、生活はできているけれど貯金はあまりできなかったですね。

　ネットで転職情報を集めている中で、ふとしたことから「副業」というキーワードが目に留まりました。これからはインターネットの時代。1カ月に10万円でも利益が出ればいいなと考え、GoogleやYouTubeで副業についても調べてみることにしました。

当時はFXが流行っていたのですが、手を出してみたのですが見事に爆死しました（笑）。諦めていたところ、奇跡的にもメルカリ転売を解説している動画に出会いました。

動画内ではきちんと仕組みが説明されており、理論もしっかりしていたので、じゃあやってみようと。そして1カ月やってみて、1万5000円〜2万円の利益が出ました。

● 家賃20万円以上のタワマン最上階に事務所を開設

本格的に実施したいと考えて行き着いたのが、森さんのスクールでした。ノウハウを教わってから副業で月10万稼げるようになり、この段階で脱サラしようと決意して辞表を出しました。

もともと妻には転職したいことは相談していましたので、スクールに入ったときに比べるとすんなり許してくれました。実際に結果も出していましたからね。奥さんがいる方は、通帳を見せるほうが効果的な説得材料だと思いますよ。

脱サラ4カ月目からは、月利100万円は稼げるようになり、徐々に売上も伸びて昨年法人化にこぎ着けることができました。

3年半前の私は、福岡市内の一等地で家賃20万円以上のタワーマンションの最上階に経営者として事務所を構えて、月利250万円以上稼げるようになるなんて思いもよらなかったでしょうね。

本書を読まれている方の中には自分で家庭を持っている方も多いと思います。妻や子供がいるからチャレンジできないと思っていませんか？　実際は、守るべき人がいるからこそチャレンジできます。

おわりに

　本書を最後までお読みいただき、ありがとうございます。メルカリ転売が、決して難しくないことをおわかりいただけたかと思います。きっと自分にもできると自信を深めた方も多いのではないでしょうか。

　私が転売に出会ったのは今から4年前でした。現在では副業・起業のスクールとしてメルカリ転売のノウハウを教えていますが、私自身、転売ビジネスで人生が変わった一人です。
　自由に時間を使えて、好きなときに旅行にいく。とても充実した毎日を送っています。現在では日本最大級の物販コミュニティの代表を務めるようにもなりました。日々、新鮮な出会いを経験しています。
　全ては副業でメルカリ転売を始めたことがきっかけでした。本当にメルカリから副業を始めて良かったと思っています。もし4年前にチャンレジしていなかったら、今の自分はなかったでしょう。

　メルカリ転売は実践するほど上達します。6章に詳しく書きましたが、月利30万円以上も決して不可能ではありません。
　とくに成功しやすい人の条件は、目標や将来のイメージが描けていること。具体的にどのくらい稼ぎたいのか、そのお金で何を

したいのか。ずっと販売をやっていくのか、それとも教える側に回るのか。このあたりをしっかりと最初から意識できている人は成長のスピードが速いです。

　また、環境も大事です。実績者に会って、生の声を聞く。これができる人はどんどん上達していきますね。

　小さなことからでも人生は大きく変わる。まずはどんなに小さくても一歩目を踏み出すのが大事です。

　とはいえ、一人で思い悩んで立ち止まるときもあると思います。そんな方はぜひ私の公式ラインまでご連絡いただければと思います。本書で紹介した数々のノウハウの詳細について興味がある方もこの公式ラインから問い合わせていただければお答えできます。

(QRコードが読み込めない場合は、LINEID：@morisadamasa で検索)

　最後に本書を執筆するにあたって、ご協力いただいた講師の方にお礼を申し上げます。

【special thanks】
- ・近山勇樹
- ・梶前のりひろ
- ・前川明範
- ・髙橋わか
- ・西村みゆき
- ・小泉拓也
- ・吉原潤
- ・長田 尚
- ・井上智也
- ・鈴木樹美香
- ・外岡修一
- ・尾形 謙

読者限定特典

著者の公式ラインを登録すると下記の6つの特典をプレゼント！

特典1 バカ売れタイトルキーワード
売り上げが驚異的に上がる154のキラーフレーズを紹介

特典2 住所入力用のラベルシールフォーマット
配送にかかる作業時間を大幅に短縮できます！

特典3 管理表フォーマット（売り上げ管理、在庫リスト、売り上げ管理）
セミナーで大好評の自己管理用データをプレゼント

特典4 ノーリスク中国輸入のノウハウ動画
原価0円、利益率70%の㊙テクを紹介

特典5 メルカリ転売の極意をまとめた動画
これを見ればメルカリの全てがわかる！

特典6 LINE通話 無料アドバイス（30分）
アドバイザーがあなたを直接指導します

左のQRコードから登録後、「特典希望」と書いて送信

(QRコードが読み込めない場合は、LINEID：@morisadamasa で検索)

著者プロフィール

森 貞仁（もり・さだまさ）

1985年生まれ。経営、起業コンサルタント、事業家。京都生まれ。大阪市北区在住。立命館大学産業社会学部卒業。
就職活動時に大手銀行、証券会社から、内定を貰うが辞退。臨床心理士になるために大学院受験を目標とするが、アルバイトの生活に忙殺され挫折。3年間、パチスロのプロとして生活。その後、27歳でリフォーム会社に就職するが、休みなし、朝8時から深夜までの業務、月残業200時間で残業代なし、という状態で夢や希望を失いながら3年間半勤務する。30歳で現在の妻と出会い、年収320万、貯金なし、休みなしでは結婚ができないことから、独立を決意。脱サラ初月114万円の売上を達成する。1期目の年商は約3200万円。4期目となる現在は10億円に到達。マーケティングを得意とし、多くの起業家を育成。200人近いビジネスパートナーと様々な事業を展開。著書に『「お金」も「人」もついてくる すごいコミュニケーション』（総合法令出版）、『わずか2年で月商5000万円になった起業家のスピード仕事術』（秀和システム）がある。

視覚障害その他の理由で活字のままでこの本を利用出来ない人のために、営利を目的とする場合を除き「録音図書」「点字図書」「拡大図書」等の製作をすることを認めます。その際は著作権者、または、出版社までご連絡ください。

初月から10万円を稼ぐ メルカリ転売術

2020年7月26日　初版発行
2021年6月22日　3刷発行

著　者　森貞仁
発行者　野村直克
発行所　総合法令出版株式会社
　　　　〒103-0001 東京都中央区日本橋小伝馬町15-18
　　　　EDGE小伝馬町ビル9階
　　　　電話 03-5623-5121（代）
印刷・製本　中央精版印刷株式会社

落丁・乱丁本はお取替えいたします。
©Sadamasa Mori 2020 Printed in Japan
ISBN 978-4-86280-751-9

総合法令出版ホームページ　http://www.horei.com/